小さい頃から
おしゃれが大好き！
幼なじみからも
「おしゃれ番長」って
呼ばれてた（笑）

Tシャツ／UNIQLO、ワンピース／Qoo10、バッグ／MAISON PROMAX、イヤリング／ete、ブレスレット／GAS BIJOUX

▶アパレル店員になったのは、アイドル時代のファンに「ももちの私服ってダサいよね」って言われたから。もう本当に悔しくて悔しくて…！「絶対見返してやるーーー！！」っていう悔しさが、私のすべての原動力

ジャケット・スカート／Vintage、タンクトップ／AS KNOW AS、バッグ／Jil Sander、靴／melissa、チョーカー／ANEMONE

ももちのクセが強すぎた。本

MOMOCHI STYLE BOOK

ももち ／ 牛江桃子

Private Life

083 ももちのおうちにようこそ~

086 ももち芸人から101問101答

090 いらっしゃいませ アンジュルム佐々木莉佳子様。

094 LOVE MESSAGE TO MOMOCHI

095 切って使えるペーパーももち

097 自己肯定感ゼロだった私が「ももち」になるまで

102 ももち芸人のみんな&SHOP LIST

はじめまして、ももちです!
YouTubeやらインスタグラムで
毎日ライブ配信やら色々やっております。
今回、長年の夢だったスタイルブックを
出させてもらうことになりました!
もうこれ以上ないってくらい、ファッションのこととか、
メイクのこととか、SNSのこととか、人生のこととか、
ももちの全部を詰め込みました。
〝まるごとももち〟たっぷりご堪能ください♥

CONTENTS

004 THE ももち年表

006 Photo Story

Fashion

014 コーディネートは色から決める！

024 ももちの脳内妄想デート

026 予定に合わせて、シーン別着こなし6DAYS

028 16:9でかわいけりゃよし！の方程式

030 −5kg見え！ あか抜け着やせ塾

032 好きな服はALLシーズンしつこく着回すぜ！

038 ももち的 冬アウター徹底解説

040 ももちのこもの。

044 おしゃ見え小物テクニックLesson

046 #ももち芸人あか抜け大作戦

Beauty

049 ももちhairと前髪

052 簡単ヘアアレnow！ 4style

056 詐欺かわ最新メイク

062 ももちの激推し！ プチプラコスメ

064 テイスト別 最旬メイク♡

067 ももちのBeauty salon list

068 デート必勝♥ももちルーティン

070 ももち式 ダイエット

SNS

073 ももちのSNS事情おさらい。

074 HOW TO MAKE YOUTUBE?

078 ゆうこす×ももち

081 東京の原点巡礼

【表紙のコーデ】シャツ／Rirandture、タンクトップ／UNIQLO、チョーカー／IROLIER

THE ももち年表

ももちは今まで、どんな人生を歩んできた? 波瀾万丈(!?)の24年をプレイバック!

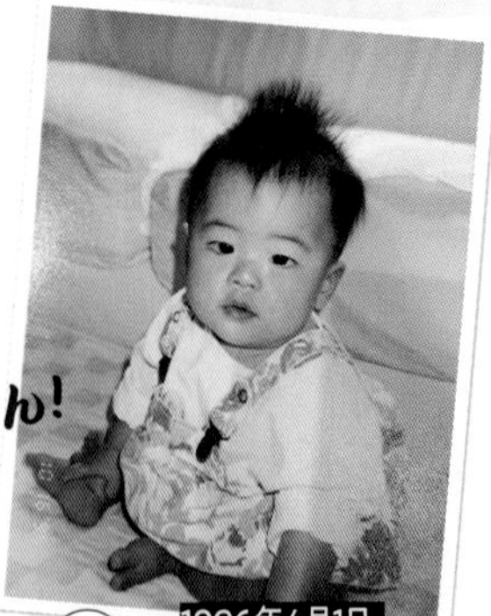

どでん!

1996 (H8)

Momochi was born!

0歳

1996年4月1日、ももち爆誕! 牛江家の長女として生まれる

2726グラムで誕生! 兄弟構成は、お兄ちゃんがひとり。お母さん曰く「手のかからないコだった」という赤ちゃん時代。ひとりでおままごとして遊んだりするのも、へっちゃらだったんだって。

2000 (H12)

3〜6歳

プリッとしたかわいい服を着ていた幼少期

とにかくしゃれた女になりたくて「好きな食べ物はブルーベリー、夢は世界一周」と答えていたんだとか。幼稚園生の頃には、モーニング娘。を観て歌い踊るという今のスタイルをすでに確立♪

愛犬たろす(本名ルビーちゃん)

おすまし♪

2004 (H16)

8歳

小2〜中1までの間、児童劇団に入り舞台に立つ

ピアノとダンスを習いながら、小学2年生のときにNHK名古屋児童劇団に入団。学校を早退して舞台に立つこともある程、演劇にハマッていたんだとか。ちなみに得意科目は数学。

2009 (H21)

13歳

地元制作のドラマにレギュラー出演。表現する喜びを覚え始める

地元のリアル中学生が生徒役で出演する、人気学園ドラマ『中学生日記』に出演。「この頃は、囲み目メイクに上下スエットや、リロ&スティッチの着ぐるみを着て街を闊歩してた(笑)」

2012 (H24)

16歳

バイトはラーメン店とかけもち!

彼氏に内緒でメイド喫茶でバイト ⇨バレて辞める

アイドルへの憧れを抱きつつも、恋愛もしたかった高校時代。というわけで少しでもアイドル気分を味わえる、ステージのあるメイド喫茶でアルバイト。

2013 (H25)

17歳

ちなみに高校時代は清楚系

アイドルオタクだったので、高校の休み時間には歌い踊って、先輩からもかわいがられるキャラ。ギャルは中学で卒業し、黒髪内巻きの清楚系にチェンジ。

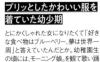

Now 24歳

ももちが着ると売れる！

ひとつの目標である、チャンネル登録者数30万人を突破！

YouTubeチャンネル登録者数はぐんぐん伸び、動画の中で紹介したアイテムが即サイトから消える「#ももち現象」なるものも勃発。ファッションライバー／YouTuberとして日々、アップデート中！

22歳 夏

オーディションに合格！上京が決まる

高倍率のオーディションをくぐり抜け、めでたく上京。とりあえず、おしゃれなカフェや映える場所を探して写真を撮りインスタにアップする日々が続く。

お買い上げの商品をギュッ♥

20歳

Kastaneの販売員に&SNSもスタート

憧れのインフルエンサーが働いていたショップで「一緒に働きたい！」と思い立ち、店舗に電話。アパレルのお仕事は初めてだったけれど、接客が楽しくてあっというまに人気店員に！ ももちに会いに、遠方から通うお客さんも。（写真提供:結衣さん）

2020 (R2)

2019 (H31/R1)

2018 (H30)

2017 (H29)

2016 (H28)

2015 (H27)

2014 (H26)

23歳 1月2日

初動画

YouTubeチャンネル「ももちのクセが強すぎた。」開設

毎日配信している22時のインスタライブでYouTubeの企画をみんなで考えた末、記念すべき第1回のテーマは「ひつじヘアアレンジ」に!! 今よりポップで荒削りなももちを観るべし！

19歳

地下アイドルを辞めてニートに⇨シール貼り工場で働く

芸能への道を諦めきれず、専門学校をすっぱり辞めてアイドルの道へ。写真はアイドルの頃のもの。女のコのファンが多く歌のうまさに定評があったものの、色々あって1年程で辞めてニートに。

MOMOCHI'S DATA

BIRTH : 1996/4/1
BLOOD TYPE : B
FROM : AICHI
TALL : 160
SHOE SIZE : 23.5

21歳 冬

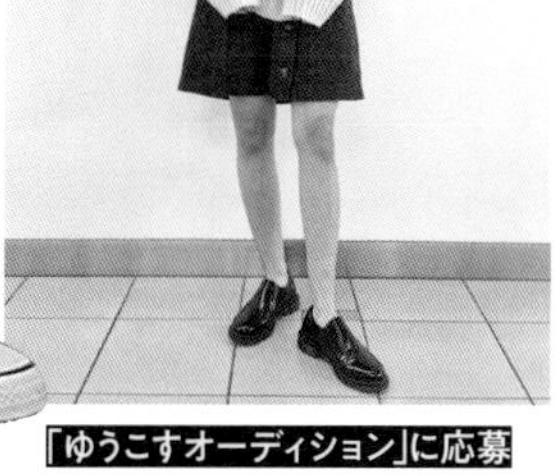

「ゆうこすオーディション」に応募

店舗スタッフとして始めたインスタが、半年でフォロワー1万人増！「自分にはSNSしかない！」と思い始めた頃、現所属事務所のインフルエンサーオーディション募集を見つけ…即応募！

18歳

高校卒業後、大阪の歯科衛生の専門学校に

憧れはあったけれど芸能の道に進む自信がなく「迷っているなら資格を取ったら？」という親のススメで歯科衛生の専門に進学。お母さんが大阪出身という縁もあって、単身大阪へ！

■Tシャツ_UNIQLO ■パンツ_Kastane
■バッグ_merry jenny
■靴_CONVERSE ■メガネ_OWNDAYS
■イヤリング_Lapuis Authentic Japan Made

#はじめまして、ももちです！ぴっぴぴ゛す

ずっと自分に自信がなかったけど
ファンからのコメントで、初めて自分が肯定できた。
私、SNSに救われたんです

シャツ／GRL、タンクトップ／AS KNOW AS PINKY、サロペット／Ameri VINTAGE、靴／MERCURYDUO、イヤリング／Liquem、バングル／Jouete

かわいい人はたくさんいるから、

〝ただかわいい〟だけ
じゃつまらない。

私の中身も含めて、
好きになってもらえたらなって。

ワンピース／Qoo10、チョーカー／ANEMONE

だからすっぴん晒して
楽しんでもらえるなら
全然晒します！っ感じ（笑）

写真撮るのも、
加工するのも、
文章書くのも、

全部得意！

だから

SNSって天職かな

って思ってる♡

ジャケット／SALON adam et ropé、ワンピース／H&M、イヤカフ／ブランド不明、バングル／Jouete

どん底だった私に

居場所を作ってくれたのは

ファンのみんな。

これからも一緒に楽しみながら

「ももち」を作っていきたいな

CHAPTER I

FASHION

プチプラでかわいい！ ももちのコーディネート編

ももちと言えば、やっぱりファッション！ 中でも〝これどこで買ったの!?〟な
プチプラ服や、元アパレルショップ店員ならではの着こなしテクニック（と、熱〜い解説）は、
今すぐマネしたくなるものばかり♡ 「服って無限の可能性があるんです。
パッと見で印象が変えられるし、ダイエットしなくたって
やせて見せることもできる。毎日違う自分になれるからファッションって
楽しい！」と語るももちの、おしゃれコーデの秘密を徹底解説！

#ももち的配色コーデ　#ももち服　#脳内妄想デート服　#TPO別着こなし　#16:9で盛れる服　#着やせ塾
#着回し神アイテム　#最強冬アウター　#ももちのこもの　#プチ小物テクニック　#ももち芸人が大変身

コーディネートは色から決める！

メインにしたい色を決めたら、それに合わせて他はとことんシンプルに。一見地味に見えるけど、少ない色でまとめたほうが簡単におしゃれ見えするよ！ おすすめ配色の6カラーで考えた、ももち服をご紹介します♡

Caffe Latte

ベージュ〜ブラウンのラテ配色

ももち的コーデPOINT

- ☑ 子供っぽくならないように、黒やブラウンの締め色で大人かわいく♡
- ☑ 膨張色だから太って見えがち。ボトムに濃い色を使ってスッキリ見せる！

「ふんわりしたパフ袖やフリルデザインがかわいくてひと目ボレしたワンピ♡ 甘くなりすぎないように、足元はレザーの黒ブーツで引き締めて、ヘアアレンジもアップにしてスッキリさせました！」

- ワンピース_Rirandture
- バッグ_Casselini
- 靴_EVOL
- イヤリング_Rough'N'tumble

「シャツってめっちゃ大人っぽいか、めっちゃカジュアルかのどっちかになることが多いけど、ウール素材のCPOシャツ×スカートなら女のコらしさも程よくあって大人かわいくまとまるよ♡」

- ジャケット_who's who Chico
- ニット_Qoo10　■スカート_VANNIE U
- バッグ_jemiremi　■靴_EVOL
- イヤリング_COCOSHNIK ONKITSCH

「ベージュで統一するとカジュアルコーデでも大人っぽくなるから好き！ ボリュームのあるスエットは、落ち感のあるテロッとしたスカートを合わせると女性らしくまとまって◎。フーディーにボリュームがあるので、ヘアは下ろさず高め位置のお団子でアクティブに」

- プルオーバー_GU
- スカート_LADYMADE
- バッグ_cache cache
- 靴_UPPER STAGE
- イヤリング_Liquem

「キュッとくびれたマーメイドスカート、最近好きでよくはくんです♪ これは暗めのブラウンだからワントーンで合わせたときに細見えも叶えてくれます！ レトロなシャツとのギャップもかわいい♡」

■シャツ_NANING9
■スカート_MURUA
■バッグ_WEGO
■靴_NUMBER (N)INE

「冬はメリハリのあるパイピング&ドロップショルダーのコートで華奢見えを狙って！ 淡いベージュがメインだと着太りして見えることもあるので、濃いブラウンのチェック柄パンツや黒小物で引き締めるのがポイント！」

■コート_Kastane
■ニット_RETRO GIRL
■パンツ_GU
■バッグ_agnès b.
■靴_CONVERSE

「キャミワンピが好きで何枚も持ってます♪ レイヤードするときは同系色で合わせるのが簡単でいちばんかわいい！ ベージュはどうしても全体的にぼやっとしてしまうので、ブラウンのニットパンツとヒョウ柄BAGをアクセントに！」

■ワンピース_KOBE LETTUCE
■ニット_who's who Chico
■パンツ_Kastane
■バッグ_CHRISTIAN VILLA
■靴_melissa

「YouTube動画で紹介したときも大人気だったコーデ！ 今は大人化計画中なので白のショートブーツでレディな感じにしてみたよ。あとチェック柄シャツに欠かせないのがメガネ！ この組み合わせ、相性最高で好き♡」

■シャツ_VANNIE U
■ワンピース_VANNIE U
■バッグ_jemiremi
■靴_RANDA
■メガネ_Re : See

「パンツスタイルってカジュアルな印象があるけど、ベージュのワントーンならかわいくまとまる！トップスはフリル袖でガーリーなので、小物はキャップやアニマル柄スニーカーでちょっぴりやんちゃな感じにしてみました♪」

■ブラウス_GU
■パンツ_GU
■バッグ_GU
■靴_SUPERGA
■帽子_カオリノモリ

「デザイン性のあるバイカラーのスカートは、着映えもバッチリ♡ レザー素材ってだけですごくかわいいから、トップスに手持ちのTシャツを合わせるだけでおしゃれに見える！ 仕上げにピンクBAGを合わせて、甘さをプラス」

■Tシャツ_UNRELISH
■スカート_MURUA
■バッグ_cache cache
■靴_DIANA

「ピンクのジャケットセットアップを活かしたかったので、他は暗い色で統一！ インナーは白Tシャツにするのもいいけど、今はブラウンを合わせるのが断然おすすめ。かわいい印象のピンク色も、グッと大人っぽく着こなせるよ♪」

■ジャケット・パンツ_jemiremi
■タンクトップ_AS KNOW AS PINKY
■バッグ_ADD CULUMN ■靴_GRL
■ベルト_GU ■チョーカー_IROLIER

「ゆるっとしたキャミワンピにゆるっとしたはおり、しかもさりげなく肌見せもできて、これはもう最強のデートスタイルだと思う！ 絶対モテる!! 小物は黒を使わずに、ブラウンやボルドーで優しく引き締めたのもポイント♡」

■カーディガン_SALON adam et ropé
■ワンピース_KOBE LETTUCE
■バッグ_BANANA REPUBLIC
■靴_RANDA
■ネックレス_ANEMONE

「黒ボトムを合わせると、コントラストが強くてピンクがパキッと映えすぎちゃう。こんなふうに全体を淡いトーンでまとめて、ピンクをベージュ寄りに見せるのがかわいくておすすめ！」

■プルオーバー_mite
■スカート_MEW'S REFINED CLOTHES
■バッグ_perche
■靴_PUMA
■イヤリング_Liquem

Pink

甘すぎないくすみピンク

ももち的
コーデ
POINT

- ちょっぴりくすんだピンクが今っぽい！
- コーデの締め色はブラウンで
- 淡いトーンでまとめて、ピンクをベージュ見えさせる！

「このトップス、ちょっとくすんだピンクの色味も、ボリューミーなチュール袖も最高にかわいいんです！トップスが甘めな分、デニムでカジュアルダウンしつつ、大人っぽいのが気分なので足元はパンプスに。ピンクと赤の色合わせ、大好きなんです♡」

- カットソー_GU
- パンツ_WILLSELECTION
- バッグ_prefi intitle
- 靴_DIANA
- イヤリング_Matilda rose

「ブルーのコーデュロイ素材がかわいいロンスカは、×スエットでカジュアルに！ 色のトーンが近いブルー×グレーも相性抜群♡（黒トップスだと強すぎちゃうのでNG）スポーティなビニールBAGで小物に遊びゴコロをプラスしました！」

- プルオーバー_GU
- スカート_ViS<Lee>
- バッグ_beautiful people
- 靴_CONVERSE
- イヤリング_ete

「フリルデザインがかわいいワンピだけど、ブルーなら大人っぽさも♡ できるだけ甘さは抑えたかったので、ゴツめの黒ブーツとシルバーネックレスで辛口なアクセントをON！」

- ワンピース_merry jenny
- バッグ_ADINA MUSE
- 靴_ANGEL ALARCON
- ネックレス_Kastane

BLUE

優しくなじむペールブルー

ももち的コーデPOINT

- ☑ トップス&ボトムのメインアイテムはブルー×グレーでトーンをそろえる！
- ☑ 小物は黒でキリッと引き締め♡

「ボリューミーなパフスリ&ツヤ感のあるサテンスカートで女っぽコーデに♡ 同系色でコーディネートするの、結構好きなんです♪ 一見難しく見えるけど、同じような色でまとめるとセットアップ風になるので簡単におしゃ見えしやすい♪」

- プルオーバー_WILLSELECTION
- スカート_KOBE LETTUCE
- バッグ_ADINA MUSE
- 靴_LAGUNAMOON
- イヤリング_Liquem

あか抜け おしゃカラーのグリーン

GREEN

もも ち的
コーデ
POINT

☑ かわいく着たいときは白小物、辛口に着たいときは黒小物を合わせる！
☑ ナチュラルにまとめたいときは、ベージュ系となじませる

■ジャケット_Isnt' She?
■タンクトップ_UNIQLO
■スカート_SENSE OF PLACE
■バッグ_Isnt' She?
■靴_A de Vivre
■イヤリング_mauve BY STELLAR

「ジャケットはリブタンクにさらっとはおるのがお気に入り！ デコルテを見せれば女っぽく着こなせるので、最近はこの組み合わせばっかりです♡ スカートの花柄を目立たせたかったので、他は淡いトーンでまとめました」

「落ち着き感のあるカーキ×グリーンって、ちょっぴり辛口で大人っぽい♡ この花柄キャミワンピはベロア素材の主役級アイテムなので、普通のニットを合わせると重くなりがち。透けタートルで肌感を出すとバランスもGoodです♪」

■カットソー_UNRELISH
■ワンピース_ROSE BUD
■バッグ_SENSE OF PLACE
■靴_DIANA
■イヤリング_Liquem

「フリルデザインがCuteなワンピがコーデの主役！ ややミニ丈なのでショートブーツで肌見せ感を調整します。爽やかなミント×白の組み合わせも女のコらしくて好き♡ 全体的に優しげな配色なので、あえてのパイソン柄BAGでパンチを効かせて！」

■ワンピース_RETRO GIRL
■バッグ_SENSE OF PLACE
■靴_RANDA
■イヤリング_Liquem

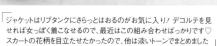

Yellow

Happy度満点なごきげんイエロー

ももち的
コーデ
POINT

☑ メインアイテムで着るなら
淡いレモンイエロー、差し色で使うなら
濃厚マスタードイエローがおすすめ！

☑ 無地よりも意外と柄モノが簡単♡

「イエローのボーダーとスニーカーのアニマル柄で、さりげなく柄×柄なコーデにしてみました！ アニマル柄ってブラウン系が多いから、意外にちゃんとコーデをまとめてくれるんです♪ BAGと色味を合わせるとさらにGood！」

- カットソー_Kastane
- パンツ_apres jour
- バッグ_Jil Sander
- 靴_SUPERGA

「ほっそり見えるカシュクール、脚が長く見える胸下の切り替え、二の腕が隠れる五分袖…とにかく細見えする最強ワンピ！ ワンピのかわいさを最大限に活かしたかったので、BAGはちょこんと小さく、靴も黒で統一させました」

- ワンピース_NYMPH
- バッグ_Jil Sander
- 靴_GRL

「イエローに挑戦しにくいコは、まずピタッとしたタートルなどインナーになるものを買うのがオススメ！ 普通のニットよりも断然使いやすいし、コーデのさりげない効かせ色になってくれるよ！」

- ジャケット_apres jour
- ニット_UNIQLO
- パンツ_REDYAZEL
- バッグ_SENSE OF PLACE
- 靴_ANGEL ALARCON
- カチューシャ_DAISO

BLACK

地味に見せない！ 技ありブラック

ももち的コーデPOINT

- ☑ アクセントで明るい色をどこかに入れる
- ☑ 透けやレザーなど、素材で遊ぶ♪
- ☑ 適度に肌見せして重く見えるのを回避！

「Tシャツ×デニムはそのまま合わせると超カジュアルになっちゃうから、上からビスチェを合わせて女のコっぽレイヤード♡　ボーイッシュになりすぎないように足元はしっかり素肌を見せて」

- ■Tシャツ_Isnt' She?
- ■ビスチェ_Heather
- ■パンツ_upper hights
- ■バッグ_SENSE OF PLACE
- ■靴_NUMBER (N)INE
- ■ネックレス_Kastane

「フレンチな感じの黒ボーダーは昔からよく着ているアイテム♪　これにピンクの差し色をするのがちょいガーリーで大好き！ 普通ならミニスカ合わせって子供っぽくなっちゃうけど、エコレザーなら大人っぽくまとまるよ♪」

- ■カットソー_KOBE LETTUCE
- ■スカート_WEGO
- ■バッグ_ADD CULUMN
- ■靴_ANGEL ALARCON
- ■イヤリング_Liquem

「ももち的ちょっぴり大人めコーデ♡ ALLブラックだと重くなりがちだけど、肌感が出る透けシャツやドット柄のスカートならそんな心配もナシ♪　小物はシルバー系を合わせて華やかさをさらにUPさせました！」

- ■シャツ_Heather
- ■キャミソール_ブランド不明
- ■スカート_UNRELISH
- ■バッグ_ROSE BUD
- ■靴_DIANA

年下UNIQLO男子の彼とお散歩デートなら…

Men's Data

出没地 渋谷・原宿
好きなタイプ 西野七瀬
愛読誌 FINEBOYS
趣味 カップルYouTuber
動画を観ること
特徴
芋っぽさも感じるがとにかく優しい大学生。自分のためにはお金を使わず、彼女の誕プレを奮発するほど彼女思い。若干嫉妬深さあり。「これ私の元彼です(爆)」byももち

以下めちゃめちゃ偏見ですけど(笑)、こういう男のコはタイトでぴたっとした大人っぽい服よりも、白とかふんわりしたワンピとか、王道にTHE女のコらしいものが好きなんですよ！〝ふわふわかわいいインスタ映え女子〟みたいな(笑)！

ももちの妄想♡

2つ年下の彼と、11時に代官山のカフェ集合で
オムレツとオニオンスープが美味しい
おしゃれなカフェでまったりごはん食べて、
少しお散歩してたらペットショップがあって
お店入ったら「俺マルチーズまじで好きなんだよね――！
かわいいー！ よしよし♡」と犬と戯れる
彼を見ながら「**そんな犬と戯れるお前がいちばんかわいいよ…**」と
内心思いながらお店を出て、まったり散歩しながら
中目黒に向かって、途中で目黒川の桜を見ながら
出会ったときの話とかして夕焼けのエモさに
浸りながら中目黒の居酒屋に入りハイボールで
乾杯してそのまま彼のおうちでもう一杯缶の
ハイボールを飲みほろ酔いで
幸せお泊まりするデート

- ワンピース_SNIDEL
- バッグ_ACCOMMODE
- 靴_ANGEL ALARCON
- イヤリング_mauve BY STELLAR

デート

デート服は彼好みに100%で合わせます！！ だって彼がいちばん
かわいいと思うタイプになれたら、他の女のコなんか目に入らない
じゃないですか(笑)！ 意外とそういう女なんです、私♡

服バカ古着男子の彼とShoppingデートなら…

Men's Data

出没地 三軒茶屋・下北沢
好きなタイプ 小松菜奈、広瀬すず
愛読誌 特になし。
ファッションのお手本は
好きな古着屋の店員
趣味 フィルムカメラ、キャンドル
特徴
服飾系の専門学校に進むほどおしゃれ好き。下北在住で行きつけは近所のシーシャ。家には大量のキャンドルがある。

ポロシャツもキャップも柄モノも、古着男子が着てそうなものをそっくりそのまま女のコが着ちゃった！って感じにコーディネートしました！ 自分と感覚が近い、おしゃれ好きな女子が好きだと思うのでそのへんを狙います♡

ももちの妄想♡

つきあいたての服飾系の専門学生の彼と
平日のお昼12時に下北の駅前で待ち合わせして、
食べログ3.5の噂のスープカレーを
食べに行きおなかいっぱいの中
タピオカのLサイズを半分こして飲みながら
彼行きつけの古着屋さんを巡って、
ふたりでおそろいの柄シャツを1500円で買い、
ひと通り古着屋さんを回りきって
やることなくなった夕方16時30分
「俺んちくる？」の誘いにちょっぴり
ドキドキしながらまったり手をつないで歩いて
彼のお宅に向かい、そのまま**初めての**
素敵な夜を過ごす
幸せな21歳の夏デート

- ポロシャツ_GU
- スカート_SENSE OF PLACE
- バッグ_CONTROL FREAK
- 靴_melissa
- 靴帽子_カオリノモリ

今どきメンノン系男子の彼と横浜食べ歩きデートなら…

Men's Data

出没地 中目黒
好きなタイプ 本田 翼、弘中綾香アナウンサー
愛読誌 MEN'S NON-NO
趣味 料理、DIY
特徴
超がつくほどのキレイ好き。壁にはメガネをハンギングする自作インテリア、玄関にはリングを置くスペースを完備。彼女の服にもリセッシュする。

メンノン系男子ってめちゃセットアップを着ているイメージ。だから女子が着るセットアップもきっと好き（偏見）！ 肌見せも好きそうだからインナーはキャミでデコルテ見せつつ、前髪は薄め&アンニュイ系でしゃれトレンドっぽい感じを出しました！

ももちの妄想♡

学生時代からつきあっている写真好きな彼と
11時に渋谷で待ち合わせしてスタバでアイス
カフェラテ買って、飲みながら東横線で横浜に向かい、
中華街で緑と白の小籠包食べて
パンダまん半分こして食べて、食べてる姿も
写真や動画を撮り合って、そのままちょっと
お散歩して赤レンガに着き、海の見える場所で
まったりおしゃべりして、なんかしゃぶしゃぶ
食べたくない?ってなって少し早めに渋谷に帰ってきて
しゃぶしゃぶ食べてそのまま2時間
だけカラオケ行ってたくさん歌って
イチャイチャもして幸せな気持ちで
センター街を手つないで歩きながら帰るデート

■ジャケット・パンツ_louren
■キャミソール_U by SPICK&SPAN
■バッグ_ADD CULUMN
■靴_EVOL ■ネックレス_IROLIER
■バングル_Jouete

ももちの脳内妄想

大人スーツ男子の彼と会社帰りデートなら…

Men's Data

出没地 恵比寿
好きなタイプ 北川景子
愛読誌 UOMO、東京カレンダー
趣味 ジム通い、食べログ上位の店に行くこと（有料会員）
特徴
2LDKの自宅で休日は彼女にスペイン料理をふるまう。得意料理はパエリア。夜は間接照明をいくつも灯して過ごす。

私の中でスーツ男子にモテるのは、鈴木愛理ちゃんなんですよ（笑）！ 愛理ちゃんをイメージしてゆるっとした大人女性のモテ服をコーデしてみました。なんかスーツ男子って大きめのタートルにポニーテール、さらにおくれ毛って好きそうじゃないですか（笑）？ その法則も入ってます♡

ももちの妄想♡

普段はもの静かな4歳年上の彼。
お互いの仕事が忙しくてクリスマス当日は
彼に会えないと知り悲しむ12月21日に
仕事が終わり家に帰ろうとしたら
突然**「19時に◯◯に来て！」**と
彼からLINEが届いて、急いでおうち帰って
おめかししてその場所に向かったら
夜景の見えるディナーとプレゼントを用意してくれてて
「たまにはカッコつけさせてよ、、」
とちょっと恥ずかしそうにくしゃっと笑う彼を見て
好きがあふれすぎて
あぁあなたを一生愛すわアーメン
と神に誓う冬の夜デート

■コート_N.O.R.C by the line
■ニット_titivate
■スカート_UNIQLO
■バッグ_AS KNOW AS PINKY
■靴_DIANA ■イヤリング_Liquem

予定に合わせて

シーン別着こなし 6DAYS

DAY 1
友達とSHOPPING!

「気心の知れた友達と会う日はとにかく楽したい! ので、楽チンなワンピにキャスケット(前髪は全入れ)。このコーデ本当にガチでよくやっておる…(笑)。正直、THE無難な合わせなので、光沢のあるテロッとしたBAGでおしゃれ感をちょい盛りします」

楽チンでかわいいドット柄ワンピ♡

- ■ワンピース_ZARA
- ■バッグ_Casselini
- ■靴_NUMBER (N)INE
- ■帽子_Casselini
- ■イヤリング_ete

DAY 2
テーマパークへGO!

「色でそのキャラクターに寄せるのが鉄板コーデ! 今日のテーマはデイジー♡ そのキャラのファンキャップをかぶれば写真も超盛れます! 冬なら白のボアコートをはおって、キャラ感を増す♡」

着いたら帽子は折りたたんでBAGへ

- ■Tシャツ_STYLENANDA
- ■ワンピース_AS KNOW AS PINKY
- ■バッグ_COUDRE ■靴_melissa
- ■帽子_Lee ■イヤリング_Liquem

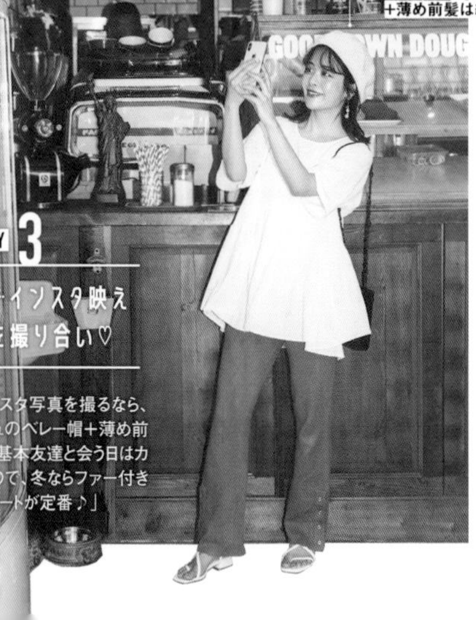

- ■ブラウス_MORUGI
- ■パンツ_Kastane
- ■バッグ_Jil Sander
- ■靴_NUMBER (N)INE
- ■帽子_earth music&ecology
- ■イヤリング_Liquem

写真で映える帽子+薄め前髪は絶対!

DAY 3
カフェでインスタ映え写真を撮り合い♡

「盛れるインスタ写真を撮るなら、淡いベージュのベレー帽+薄め前髪が最強! 基本友達と会う日はカジュアルなので、冬ならファー付きのダッフルコートが定番♪」

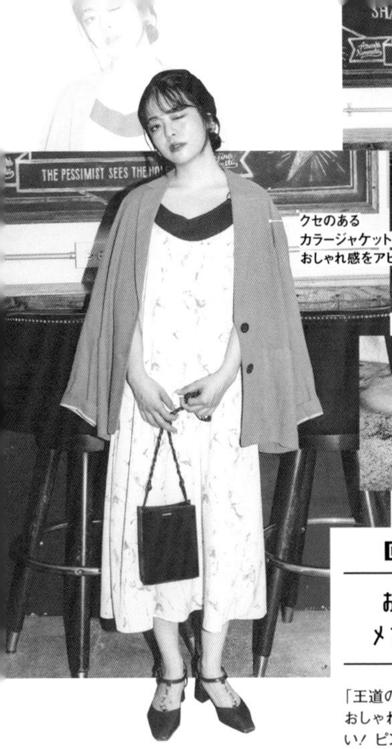

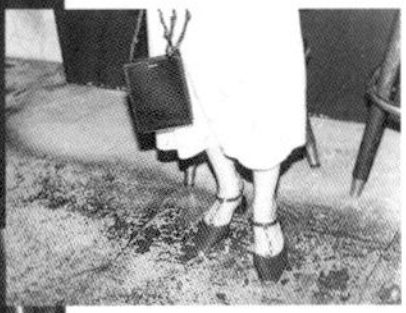

クセのある
カラージャケットで
おしゃれ感をアピール！

DAY 5

おしゃれ好き メンズと飲み会

「王道のモテを狙うよりは〝お、おしゃれなコ〟って思われたい！ ピンクのジャケットを使った配色コーデでおしゃれ上級者な感じをアピール♡」

- ■ジャケット_COCO DEAL
- ■キャミソール_AS KNOW AS PINKY
- ■ワンピース_KOBE LETTUCE
- ■バッグ_Jil Sander　■靴_RANDA
- ■イヤリング_mauve BY STELLAR

DAY 4

年上の彼とちょっとリッチなディナー

「しゃらっとしたチェーンBAGをアクセントに♪ アウターはロング丈のチェスターコートで帰り道も抜かりなく。スーツの彼の隣にいても浮かない大人っぽさを目指します！」

シックな黒で
大人見え♡

- ■ワンピース_And Couture
- ■バッグ_Casselini
- ■靴_DIANA
- ■イヤリング_Liquem

パフスリで
かわいさも意識♡

DAY 6

年下の彼と居酒屋デート♡

「ごはんを食べておなかが出てたとしてもバレないワンピはやっぱり頼れる♡ これはスクエアネック&パフ袖で上半身が盛れるので、座ったときまでかわいい！ 冬はこんなベージュワンピにフード付きの白アウターをはおってかわいめに」

- ■ワンピース_Qoo10
- ■バッグ_WEGO
- ■靴_A de Vivre
- ■イヤリング_mauve BY STELLAR

＼見えないボトムはどうでもいい！／

16:9でかわいけりゃよし！の方程式

YouTubeでのかわいさは、髪型も帽子も服も、要素多すぎなくらいがちょうどいい！　正直、「この服で街歩いてたらやばいっしょ!?」ってコーデもある（笑）。でも16:9の画角に収まるなら、むしろこれくらいがかわいいんです♡

スエットフーディ × 三つ編み

「フーディをかぶると小顔に見えるし、なんかわかんないけどかわいく映る！　ダウンヘアだとかぶったときに髪の毛が出ちゃってだらしない部屋着に見えちゃうので三つ編みにするのがGood！」

プルオーバー_GU

小動物的かわいさ狙っちゃお♡

フード付きならこんなふうに遊んでも♪

SNSで映える！　ももちの鉄則

1 トップスは盛りめで！

「キレイ色や花柄、無地でもレースなどの素材感のあるトップスを選ぶと、顔周りが華やかに見えて盛れます！　黒を着ることはほぼないかも」

2 帽子は淡いカラーが絶対！

「キャップやベレー帽など上半身盛りなら帽子は絶対!!　パッと見たときに女のコらしいし、肌もキレイに見えるのでベージュや白など淡い色が◎！」

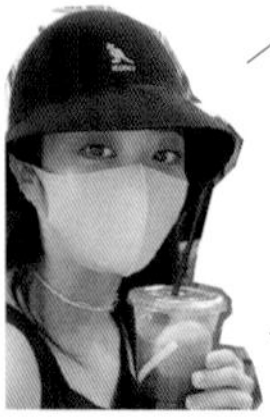

ちなみに黒のバケハはおしゃれだけどかわいさは盛れないのでNG

3 パッと見でかわいいヘアアレンジ

「一瞬見ただけでかわいい！と思うような、わかりやすいアレンジのほうが“いいね”がたくさんもらえます。ダウンヘアでも強めに巻くと印象が強い！」

ハーフお団子

キャップ＋ひつじヘア

ふわふわヘア

More More！

ショルダーBAGのヒモもアクセントになるよ！

「ちょっと服がシンプルかな、というときはショルダーBAGを斜めがけ！　このヒモがアクセントになって、上半身を盛るひとつの要素になってくれる！」

小花柄で
華やぐ♡

ベレー帽
×
花柄ブラウス

「まず小花柄のブラウスでひと盛り！
黒ベースの大人な花柄は、ダウンヘアだと
髪の暗さと相まって重く見えちゃう。
明るいベージュのベレー帽をプラスして、
さらにまとめ髪で首周りをすっきりさせます♪」

※ブラウス_UNIQLO
※帽子_GU

キレイ色ニット
×
ツインテール

「安定にピンクは絶対盛れる！ キュートな
ツインテールにして、髪型も思いっきり
かわいめに振り切ります。甘い色×甘い
髪型は、実際にこれで外には出ない
けど、動画だったらむしろ大アリ！」

※ニット_haluhiroine

懐かしい系
ふたつ結び♡

この要素の多さが
盛れる秘密♡

キャスケット
×
サロペットでレイヤード

「サロペットやキャミワンピなど、レイヤード
するのもコーディネート感が出てオススメ！
動画って毛量が多く見えて頭が大きく
映りがちなので、髪を下ろすときは
後ろに流してすっきりさせると◎！」

※ニット_GU
※サロペット_jemiremi
※帽子_Casselini

ベレー帽
×
ツインテール

「色や柄がなくても、クロシェ編みなら
その立体感がアクセントに！ ベレー帽
＋三つ編みはレトロでかわいい定番コンビ。
白のニットなら髪色とコントラストがついて、
アレンジもかわいく映えるよ♡」

※ニット_jemiremi
※帽子_jemiremi

クロシェ編みニットで
さらに映え♡

再現いたします♪

あか抜け着やせ塾

ももち自身が、ももクセチャンネルの中でも「100でオススメできる！」という着やせ動画から、永久保存のやせ見えポイントをピックアップ。

Q 同じ1枚の白ニット、どっちがやせて見えますか？

「こちらの白ニット、まったく同じものだけど右はふくよかに、左はシュッとした印象に見えますよね？ ボトムと髪型と簡単なテクで〝やせた？〟って言わせることができる、おしゃれの力は絶大ってことを証明します！」

ももち的、着やせポイントを伝授します！

OUTER WEAR ボトムとアウターの丈の長さを合わせる！

スッと一直線

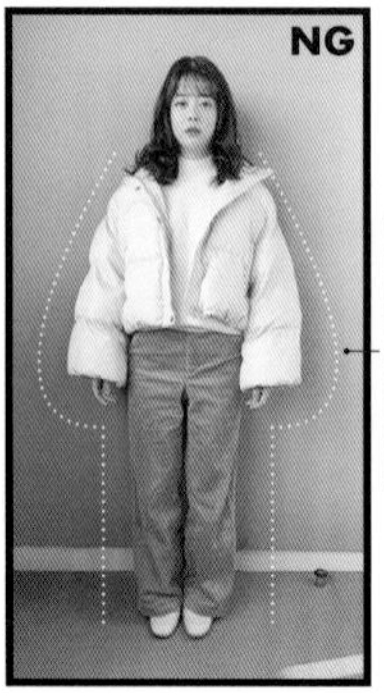

横に広がって見える

「冬に気になるボトムとアウターの丈問題。簡単なのは、ボトムとアウターの丈の長さを合わせること。ダウンなど丸みのあるものはどうしても太って見えるので、ノーカラーコートなど直線的なラインのアウターを選ぶとより効果的！」

HAIR アップヘアで〝余白〟を作る

少しスッキリ！

ここまでが頭だと錯覚！

鉄板！

ハイネックにはアップヘア！

「ハイネック×しっかり巻いたダウンスタイルは頭が大きく見える！ ダウンヘアでも巻きすぎなければアリ。私的正解は高い位置で髪をまとめて首周りを見せること。一瞬、顔の大きさ目立つよね？って思うかもだけど、おくれ毛を垂らせば顔の輪郭もシャープに！」

more! more!
ももちの着やせテク拝見

☑

小顔に見せるなら〝余白〟マスト

《余白あり》

《首周り余白なし》

「顔ドン＋布ピタッってなってある種ごまかしの利かないハイゲージタートルよりも、正面から見たときに首がチラ見えする、ざっくりオフタートルのほうが首も長く小顔なのは一目瞭然ですよね！」

☑

最も細見えするのは〝スクエアネック〟

《デコルテと平行》

《悪くはないが…》

「デコルテ、鎖骨の横のラインと平行のラインを作るスクエアネックは、もう最強の着やせトップスだと思います！ ニットだけじゃなくてブラウスやワンピも、ついスクエアネックを集めてしまうほどラブ♡」

☑

肩の華奢見えは〝ドロップショルダー〟

《肩がストン》

《肩がもりっと》

「肩のラインに縦の直線が入った〝セットインスリーブ〟は、肩の厚みや腕の太さが丸バレになってしまう。二の腕あたりに斜めの直線が入ったドロップショルダーだと、肩のシルエットをぼかすことができます」

一緒に観るとよくわかるよ！

伝説の神動画を −5kg 見え！

BOTTOMS

目の錯覚利用で〝擬似くびれ〟を作る！

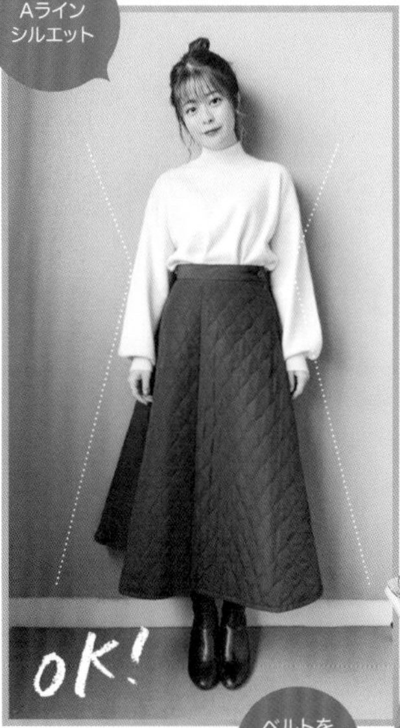

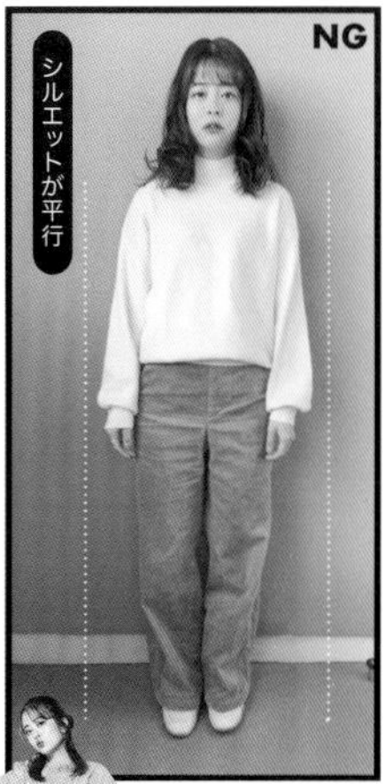

ベルトを
しても
GOOD!

「ウエストがタイトで、裾に向かって広がるAラインはやせ見え確定！」
←パンツでも上からベルトでウエストを作れば◎。ベルト／GU、ブラウス／idem、パンツ／Kastane、靴／MERCURYDUO、イヤリング／ANEMONE

COLOR

締め色を2か所入れる

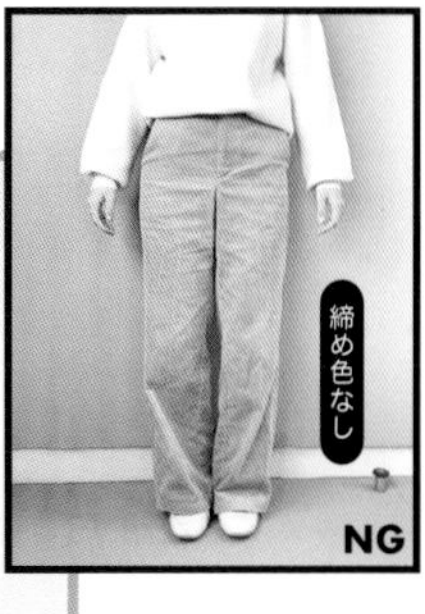

「ベージュワントーンってめちゃめちゃかわいいけど、着やせ視点だと淡×淡は難しい配色。黒やネイビー、ブラウンなどを入れるのが手っ取り早いです。スカート＋靴、バッグ＋靴、など2か所に濃い色を入れることで、ぼんやりコーデ→締まった印象にチェンジ」

しつこく着回すぜ!

Spring 春

王道トレンチに
抜け感をプラス

3.

セットアップを
カジュアルダウン!

2.

×キャミワンピなら
簡単かわいい♡

1.

1.
- ロングワンピース_UNIQLO
- ジャケット_earth music&ecology
- バッグ_cache cache
- 靴_RANDA

2.
- ジャケット_UNRELISH
- パンツ_UNRELISH
- バッグ_Casselini
- 靴_ANGEL ALARCON
- メガネ_Re : See

3.
- コート_MERCURYDUO
- パンツ_Kastane
- バッグ_Casselini
- 靴_DIANA
- イヤリング_Liquem

ももちガチセレクト

Uniqlo Uの白Tシャツ

襟ぐりの開き
具合もベスト!

1年中着るなら、
インナーにしても
ごわつかない
レディースのLが◎!

Summer 夏

服はシンプル、小物で
盛るとおしゃ見え

6.

×柄パンツで
ラフにかわいく♡

5.

4.

夏は柄キャミ&カラー
パンツでがっつり
カジュアルに♪

4.
- ワンピース_LOWRYS FARM
- パンツ_Kastane
- バッグ_Jil Sander
- 靴_DIANA
- 帽子_Me%
- イヤリング_Liquem
- ブレスレット_GAS BIJOUX

6.
- パンツ_AS KNOW AS
- バッグ_SENSE OF PLACE
- 靴_LAGUNAMOON
- メガネ_Re : See

5.
- パンツ_GU
- バッグ_beautiful people
- 靴_melissa
- メガネ_Re : See

Autumn 秋

7.
- コート_N.O.R.C by the line
- スカート_SALON adam et ropé
- バッグ_prefi intitle
- 靴_DIANA

8.
- ニット_VANNIE U
- スカート_SENSE OF PLACE
- バッグ_WEGO
- 靴_EVOL

9.
- ジャケット_apres jour
- スカート_STYLENANDA
- バッグ_Jil Sander
- イヤリング_ANEMONE
- リング_mauve BY STELLAR

9.

Tシャツがあれば
トレンドアイテムも
自分らしく着れる♪

8.

Tシャツを INして
程よい甘さに♡

7.

大人な余裕が
漂っちゃう♡

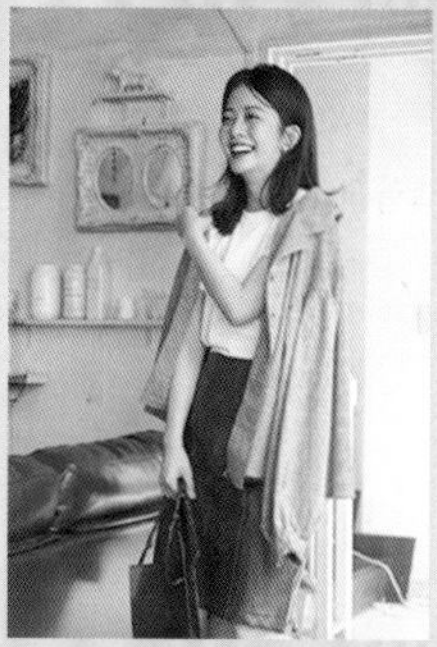

好きな服はALLシーズン

同じ服を着ているとは思えない、ももちの着回し動画は特に大人気！ 1年を通して活躍する神アイテムをももちがセレクト。春夏秋冬の着回しを見せてもらったよ♪

Winter 冬

12.

首回りからチラリ、で
一気にあか抜ける

11.

シャツにINして
ガーリー
カジュアルに

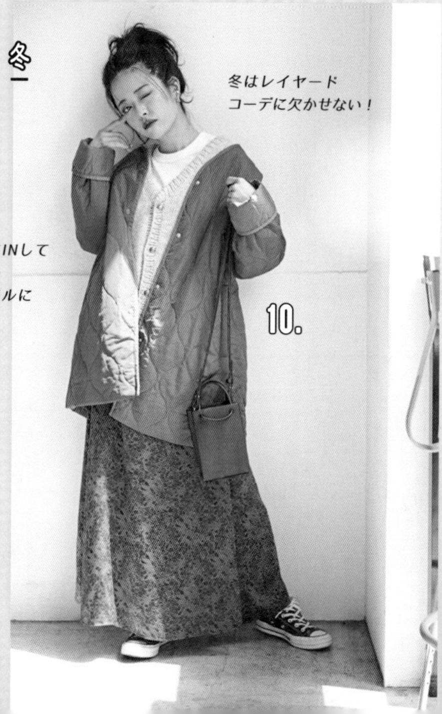

10.

冬はレイヤード
コーデに欠かせない！

10.
- コート_GU
- カーディガン_Kastane
- スカート_SENSE OF PLACE
- バッグ_ADD CULUMN
- 靴_CONVERSE
- イヤカフ_ブランド不明
- イヤリング_ete

11.
- コート_VANNIE U
- シャツ_VANNIE U
- スカート_MURUA
- バッグ_BANANA REPUBLIC
- 靴_RANDA

12.
- コート_AS KNOW AS
- トレーナー_EMODA
- スカート_31 Sons de mode
- バッグ_Casselini
- 靴_UPPER STAGE

Spring 春

ももちガチセレクト

GUのストレートデニム

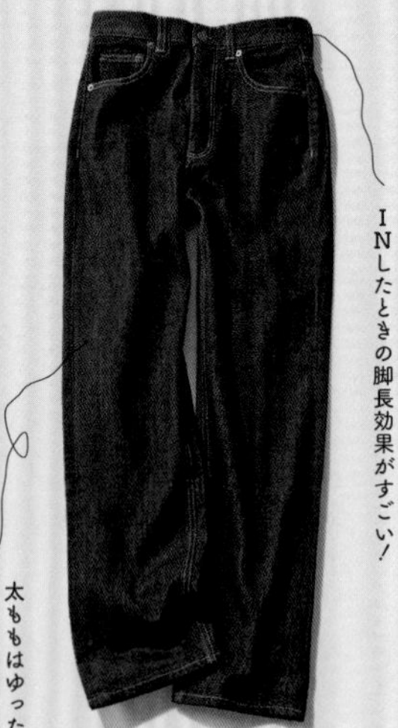

ハイウエストだから INしたときの脚長効果がすごい！

太ももはゆったり♪ 気になる部分が隠れる！

大人かわいく
着たいときは
ロングアウターと！

1.

ボリュームのある
ブラウスも
スッキリ着られる♡

2.

×ブルーワンピで
ワントーンに
するのが好き！

3.

1.
- コート_VANNIE U
- ブラウス_WILLSELECTION
- バッグ_CONTROL FREAK
- 靴_RANDA
- イヤリング_Liquem

2.
- ブラウス_mite
- バッグ_Casselini
- 靴_DIANA

3.
- ワンピース_ブランド不明
- バッグ_ADINA MUSE
- 靴_CONVERSE
- イヤリング_Liquem

胸下切り替えに
ハイウエストって
脚長効果すごい！

4.

足元からデニムを
チラリ♡で一気に
しゃれ見え！

5.

INすればTシャツ合わせ
でも女のコっぽい♡

6.

4.
- ブラウス_RURU
- バッグ_CONTROL FREAK
- 靴_GINZA Kanematsu
- カチューシャ_Me%
- イヤリング_ete

5.
- ワンピース_KOBE LETTUCE
- バッグ_Casselini
- 靴_DIANA
- イヤリング_Matilda rose

6.
- Tシャツ_LANVIN en Bleu
- バッグ_Casselini
- 靴_DIANA
- イヤリング_ete

Summer 夏

Autumn 秋

7.

甘い花柄ワンピは
カーキとデニムで
ピリッと締める！

8.

スキニーを合わせがち
だけどストレートのほうが
今っぽいよ♡

9.

ベージュコーデの
ときはニュアンス
カラーで統一！

7.
- パーカ_And Couture
- ワンピース_MORUGI
- バッグ_MAISON PROMAX
- 靴_Dhyana.
- イヤリング_ete

8.
- ブラウス［ビスチェ付き］_Heather
- バッグ_Kastane
- 靴_A de Vivre
- イヤリング_ete

9.
- ジャケット_H&M
- カットソー_3rd Spring
- バッグ_tov
- 靴_DIANA
- 帽子_jemiremi
- イヤリング_ete

10.

デニムコーデに
赤の効かせが
超かわいい！

11.

インナーとブーツ、
白をプラスすれば
重く見えない♪

12.

レトロなコーデも
定番のデニムが
あれば簡単♡

10.
- コート［キルティング］_Kastane
- コート［パイピング］_RETRO GIRL
- ニット_UNIQLO
- バッグ_LE VERNIS
- 靴_CONVERSE

11.
- コート_merry jenny
- ニット_cepo
- タートルニット_Maison de FLEUR
- バッグ_CHRISTIAN VILLA
- 靴_ILIMA

12.
- コート_H&M
- ニット_apres jour
- バッグ_AS KNOW AS
- 靴_ブランド不明
- 帽子_agnès b.
- ソックス_ブランド不明

Winter 冬

ももちガチセレクト

SENSE OF PLACEの コーデュロイ セットアップ

ブラウンにも
オレンジにも見える絶妙カラー！

はおるだけでサマになるオーバーサイズ

Summer 夏

4.

ストリートな
夏コーデもリッチに
見せてくれる！

Spring 春

1.

ベレー帽にボーダー、
メガネでちょい
フレンチに♡

4.
- Tシャツ_Heather
- バッグ_Kastane
- 靴_Teva
- 帽子_YouthFUL SURF®
- イヤリング_ete

5.
- カットソー_AS KNOW AS
- バッグ_THEATRE PRODUCTS
- 靴_MERCURYDUO
- キーホルダー_NICI

6.
- ブラウス_Heather
- バッグ_DOUBLE NAME
- 靴_melissa

5.

ボリュームブラウスも
スタイルよく着れる♪

6.

同系色のチェックで
セットアップ風に♡

2.

スカートとコート、
ロング丈同士の
バランスって好き♡

3.

抜き襟で着れば
こなれ感もGET！

1.
- カットソー_SENSE OF PLACE
- バッグ_THEATRE PRODUCTS
- 靴_Dhyana.
- 帽子_GU
- メガネ_Re : See

2.
- コート_AS KNOW AS
- タンクトップ_LANVIN en Bleu
- バッグ_ADINA MUSE
- 靴_GRL
- イヤリング_mauve BY STELLAR

3.
- タンクトップ_UNIQLO
- パンツ_STYLENANDA
- バッグ_RANDA
- 靴_MERCURYDUO
- イヤリング_ete

Winter 冬

着太りしがちな
ダウンコートも
すっきり着れる！

セットアップで着れば
おしゃれコーデが
即完成するよ♡

Autumn 秋

10.
- コート_VANNIE U
- ニット_titivate
- バッグ_NaNa-NaNa
- 靴_PUMA
- イヤリング_ANEMONE

11.
- ニット_Qoo10
- バッグ_perche
- 靴_DIANA

12.
- コート_kutir
- ニット_UNIQLO
- バッグ_jemiremi
- 靴_RANDA

ブラウンのワントーン
ならまとまりも

白インナーですっきり
させると好バランス！

ベルトマークすれば
印象も激変♡

派手色のワンピにも
合うのがすごい！

7.
- キャミソール_AS KNOW AS
- バッグ_CONTROL FREAK
- 靴_me
- ネックレス_Me%

8.
- ワンピース_GREY SHOP
- バッグ_Isnt' she?
- 靴_ANGEL ALARCON
- イヤリング_ete

9.
- スカート_dazzlin
- バッグ_earth music &ecology
- 靴_ANGEL ALARCON
- ベルト_ブランド不明
- イヤリング_ete

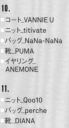

ももち的 冬アウター徹底解説

ももちおすすめの最強アウターはこの4つ！
動画でも大人気のアイテム紹介を誌上で
お届けします♡ ももちのしゃべくり解説付き！

01 AS KNOW AS のロング丈黒コート

GIRLY

■ニット_HelloMe Studio
■スカート_GU
■バッグ_perche
■靴_RANDA
■イヤリング_ANEMONE

CASUAL

■プルオーバー_mite
■中に着たニット_GU
■スカート_KOBE LETTUCE
■バッグ_THEATRE PRODUCTS
■靴_UPPER STAGE

黒のロングコートはももちの超定番アウター！ 冬ってヒートテック着たり地厚なニット着たりするじゃないですか、だから**どうしたってボリューム感が出るし着太りしがちなんですよね…。**でもこういうシンプルな黒コートがあるとめちゃめちゃ使える！ **コーデがきゅっと引き締まってスタイルもよく見える**んです♡ 程よくアクセントになる絶妙な襟の大きさで、ボタンを全部閉じて着ても映えるよ！

02 Kastane のパイピングコート

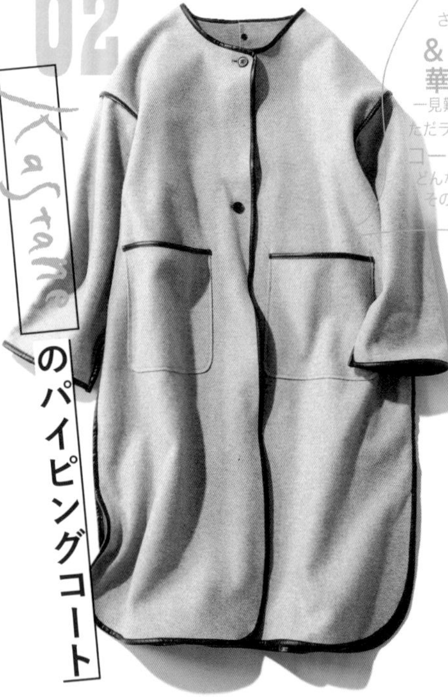

パイピングがめちゃかわいい、しゃれ見えさせたいときに着るコート♡ **ビッグサイズ&ドロップショッツルダーで、着ると華奢に見える**ところも好き！ パイピングって一見難しいかなと思われがちだけど、ベーシックカラーにただラインが入っているだけなので**普通のベージュコートと同じ感覚で着ちゃって全然OK！**どんな色にもどんな柄にも合うので、いつものコーデにそのままプラスすれば簡単におしゃれ感がUPするよ！

GIRLY

■ニット_UNIQLO
■スカート_GU
■バッグ_ADIRA
■靴_RANDA

CASUAL

■ワンピース_NANING9
■バッグ_earth music&ecology
■靴_Dhyana.
■マフラー_GU

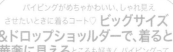

03 dazzlin のショートダウンコート

真冬にダウンはやっぱり欠かせない…！ でも
ボリューム感が気になっちゃうなら、ロングよりショート丈が
断然おすすめ。黒のダウンはガチ防寒すぎておしゃれ度ゼロ
だけど、ピンクならかわいさもKeepしてくれる♡ 冬って黒ニット
とか白ニットとか**ベーシックカラーの服を着ることが**
どうしたって増えると思うんですよね。だからこういうキレ
イ色のアウターをひとつ持っておくと、**着回しのバリエ**
が一気に増えて超使えるんです！

GIRLY

- ニット_mite
- スカート_who's who Chico
- バッグ_agnès b.
- 靴_DIANA

CASUAL

- プルオーバー_STYLENANDA
- パンツ_GRL
- バッグ_Kastane
- 靴_UPPER STAGE

04 VANNIE U の白ボアコート

冬のデートとか、ちょっとかわいく見せたいとき
には白ボアコートが必須！ **冬って**
モコモコしたものとか、ふわふわ
したものが女のコを最高に
かわいく見せてくれるんですよ！
だから丸襟や大きなポケットの**思いっきりかわいい**
デザインのものを選ぶのがおすすめ！
それをコーディネートでカジュアルダウンさせたり、
大人っぽく着ると甘さもおしゃれ感もいい感じ♡

GIRLY

- ワンピース_haluhiroine
- ニット_GU
- バッグ_jemiremi
- 靴_Fabio Rusconi
- イヤリング_mauve BY STELLAR

CASUAL

- ニット_apres jour
- パンツ_Kastane
- バッグ_agnès b.
- 靴_CONVERSE
- メガネ_FLEX

ももちのこもの。

動画でもたくさん登場するももちのスタメンアクセたち、まとめて全部お見せしちゃいます！ ヘビロテするものには、やっぱり秘密があったんです…♡

夏は厚底サンダル、冬はぺたんこ靴が定番！

Shoes

ポイントは全身で見たときにバランスがいいかどうか！
夏は服がシンプルになるから、厚底サンダルで
足元にボリュームをもたせます。脚長効果もあるし、
着やせして見える♡ 逆に冬は服にボリュームが
ある分、ぺたんこ靴でスッキリさせます

A「厚底×ヒョウ柄で足元のワンポイントになる」／SUPERGA　B「肌なじみもいいから履いたときの脚長効果がすごい！」／MERCURYDUO　C「コンバースの中でもステッチがかわいいチャックテイラーが好き！ 韓国で購入」／CONVERSE　D「レザーがやわらかいから一度も靴ずれしなかった」／GRL　E「絶妙なベージュがかわいい♡」／GU　F「厚底のぺたんこ靴だからさりげなくスタイルUPできる。白に見えてほんのりベビーピンクなのも♡」／melissa

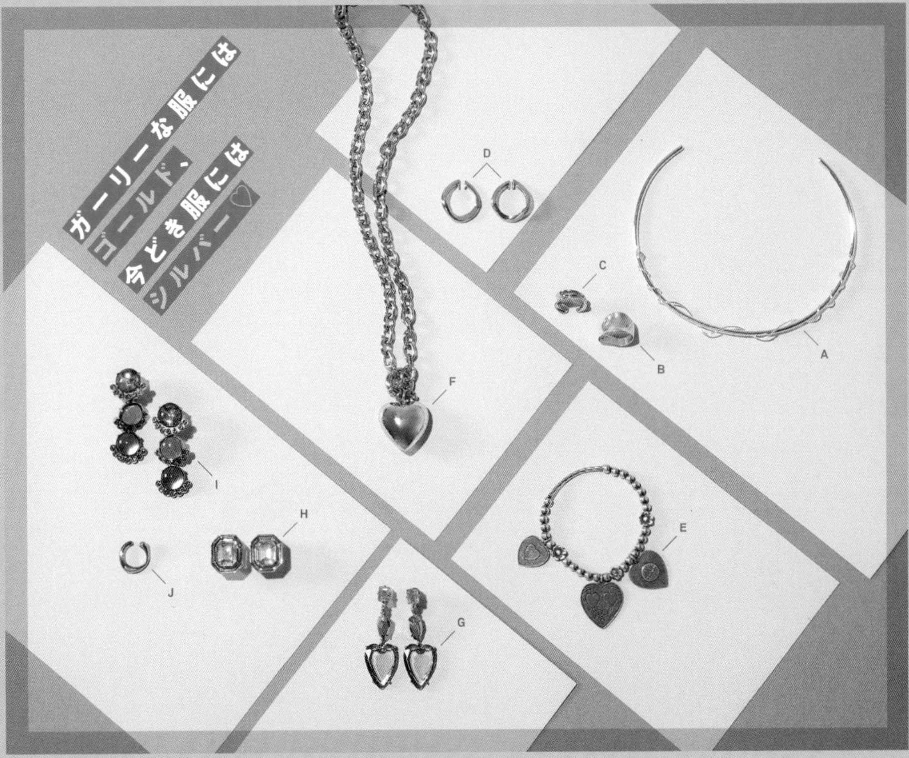

Accessories

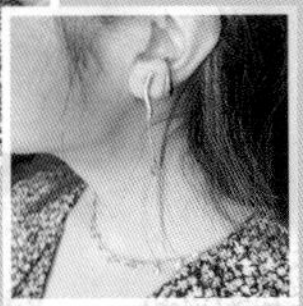

女のコ的コーデには
ゴールドアクセ

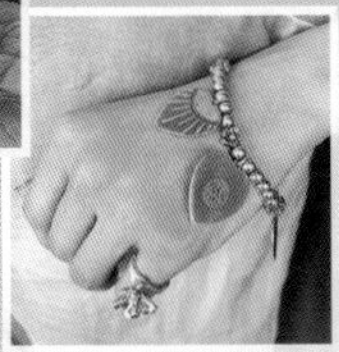

カジュアルコーデには
シルバーアクセ

基本的に夏はシルバーアクセをつけることが多いかな。シンプルな服にガツンと効かせるのが好き♡
トレンドのカジュアル服にもよく合うよ!
ゴールドは女のコらしくしたいときに。ビジューやストーンが付いた盛りデザインのものがお気に入り♪

A「首元が開いたカジュアルなトップスにはコレ! キャミワンピにもよく合わせるよ」/Casselini B・C「イヤカフはトレンド感のある服にハマる!」/ブランド不明 D「ねじりデザインがかわいい♡」/ete E「特に夏はめっちゃ活躍する!」/GAS BIJOUX F「ゴツめなのでシンプルなTシャツにも♪」/Kastane G・H・I「甘い服をあえてそのまま、思いっきり女のコらしく着たいときに」/Liquem J「ゴールドは肌なじみがいいからさりげなく使える♡」/Me%

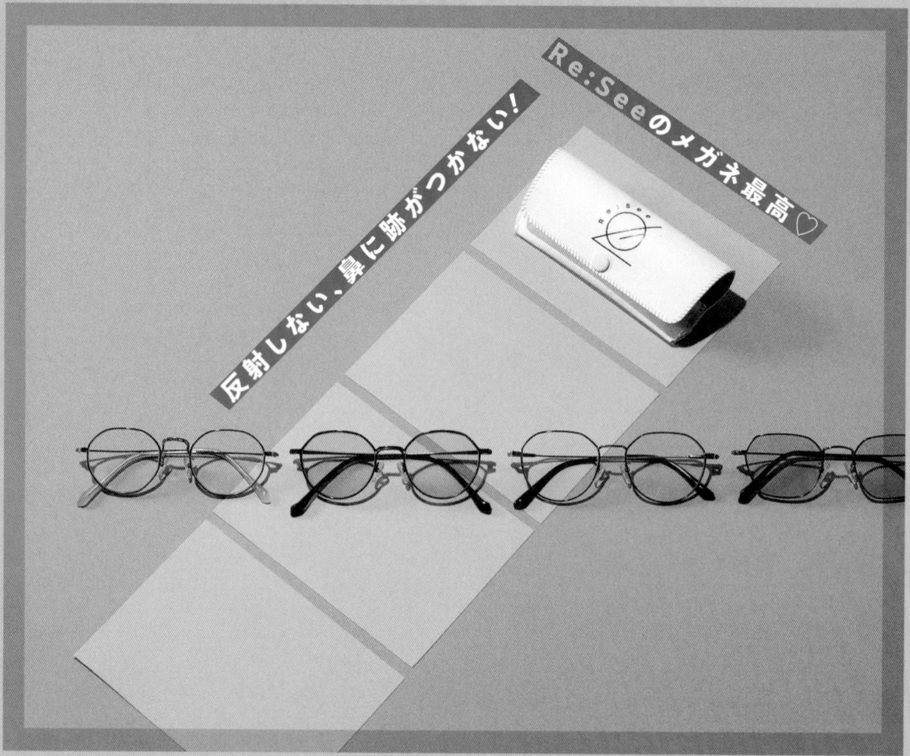
反射しない、鼻に跡がつかない！
Re:Seeのメガネ最高♡

見て見て！ レンズが反射
しないから目元がハッキリ
かわいく盛れる♡

Glasses

メガネはRe:See一択！ っていうくらい大好きな
ブランド。映画やドラマでも活躍されている
グラスフィッターの方が作っているメガネだから、
写真や動画を撮ってもレンズが反射しにくいように
できているんです。鼻に跡がつかないのも最高すぎる♡

「最初は友達の紹介で教えてもらったんだけど、デザインがどれもかわいくてひと目ボレ♡ そこから少しずつ買い足して今は4つ持っています。ベレー帽との合わせがほんまにかわいすぎてマジでおすすめ!! 色つきのメガネは白ニットと合わせると最強にかわいいよ！ 反射しないから撮影にも向いてるし、私の友達のYoutTuberはみんな持ってる♪」メガネすべて／Re:See

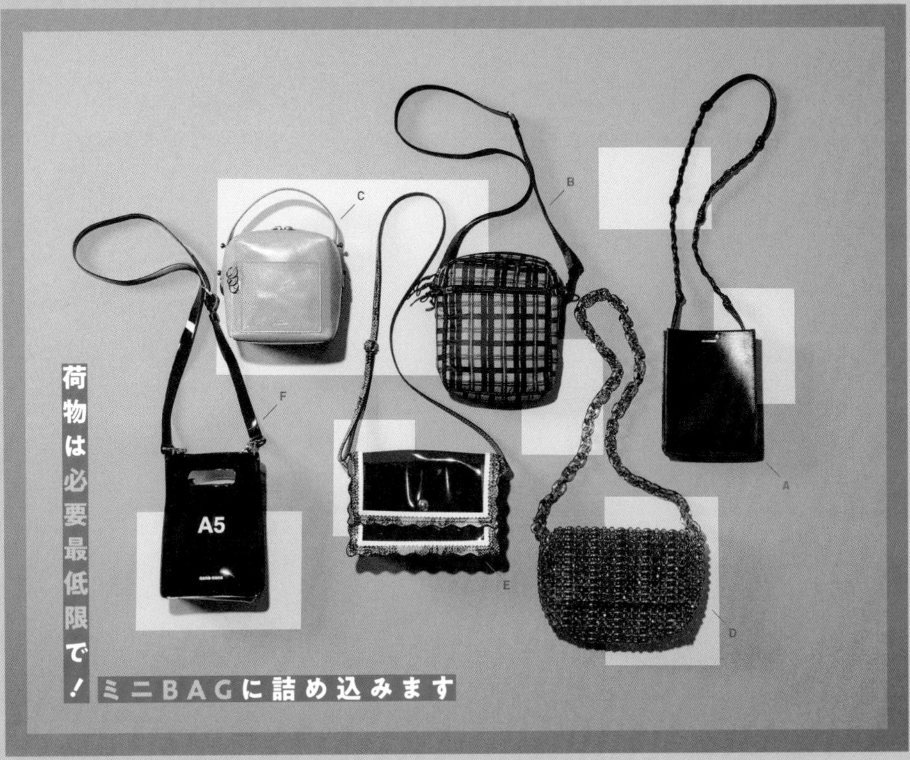

荷物は必要最低限で！ミニBAGに詰め込みます

A「濃いめのブラウンだから、コーデを締めたいときにも、なじませたいときにもめっちゃ使える！」／Jil Sander　B「無地のアウターを着ることが増える秋冬のワンポイントに♪」／CONTROL FREAK　C「コロンとしたスクエア型が♡」／MAISON PRO MAX　D「ビジューの華やかさもありつつ、ベーシックカラーだから合わせやすい」／Casselini　E「ピンクのパイソン柄が効いてる！」／Casselini　F「ナナナナのBAGは持ってるだけで〝おしゃれわかってる感〟が出る…♡」／NaNa-NaNa

Mini Bag

ほぼ毎日ミニバッグ♪ 整理するのは苦手だから、たまにBAGの中はすごいことになってるけど(笑)。

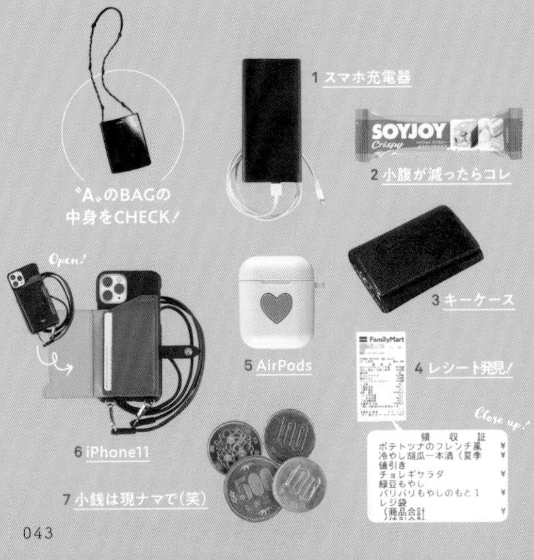

〝A〟のBAGの
中身をCHECK！
1 スマホ充電器

2 小腹が減ったらコレ
3 キーケース

4 レシート発見！

6 iPhone11
7 小銭は現ナマで(笑)

1「ストーリーズをUPしたり動画のサムネを作ったり…常にスマホをいじっているので充電器は必須！」　2「全部大豆だから罪悪感ゼロ♡」　3「5年くらい使っているカルティエのキーケース」　4編突然ですが昨日何買った？ レシート抜き打ちチェック！「聞いてない(笑)！昨日はコンビニでバリバリ無限もやしなどを買いました…」　5「AirPodsはハートのケースに」　6「スマホはtovのショルダー付きケースに。カードもたくさん入るからこれひとつでお出かけすることも♪ ミラーも付いてるよ」　7「小銭は入れとくと何かあったときに安心なんですよ！ BAGひっくり返して取り出すけどね(笑)」

\ ももちがレクチャー！ /

おしゃ見え小物テクニックLesson

ももちのコーデがおしゃれにあか抜けて見える秘密は、
小物使いにも隠されていたんです…♡「実はそこ知りたかったー!!」な
ちょっとしたテクニックをももちに教えてもらいました！

ベルトの巻き方

\ 完成 /

コーディネートのワンポイントになってくれるから細見えするよ♪

ベルト／GU、ワンピース／merry jenny、靴／LAGUNAMOON

Q 長いベルトって、巻いたあとどうしたらいいの？

A ベルトの先端を結ぶとおしゃれに見えるよ！

1 まずは普通にベルトを巻く

\ けっこう長い… /

2 ベルトの先端を下から上に通す

3 結び目をつくるように輪に通す

細いレザーベルトは私のコーデによく登場するアイテム。この巻き方はクラシカルでかわいいから、ワンピやスカートのときに超使える！

Q スカートのサイズが合わなくて、だるだるになっちゃう…

A タックを作ってベルトをすれば解決！低身長のコにもおすすめ

スカートにドレープができるから、下腹も目立たない♡

スカート／KOBE LETTUCE、ベルト／GU、タンクトップ／UNIQLO、靴／DIANA

Change！

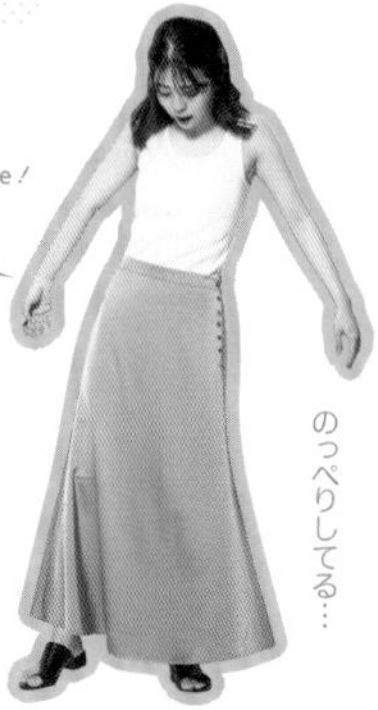

のっぺりしてる…

\ タックを作るイメージ！ /

1 余っている部分を両手でつまむ

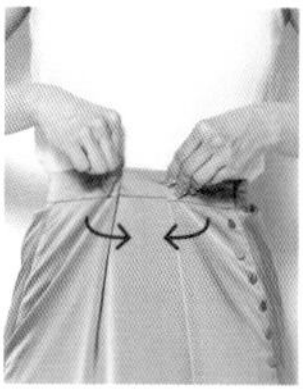

2 パタッと中央に折りたたむ

3 くずれないように上からベルトを巻く

4 ベルトの先端を結んで完成！

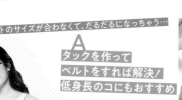

ベレー帽のかぶり方

Q ベレー帽がおしゃれにかぶれません！

A 髪型に合わせて、少しズラしてかぶるのがコツ！

「ももち的にSNS映えに欠かせないベレー帽。おしゃれに見える、こなれたかぶり方を解説します！ 前髪も薄～く出すとさらに盛れるよ♡」

スポッと上から！
パン屋さんの帽子
みたいに♪

ちなみに…
アレンジしたときはサイドに
帽子をズラすとかわいいよ！

帽子／jemiremi、カーディガン／Qoo10

1 まずは手を入れて□を作る

2 その形をキープしたまま、上からかぶる

＼ 前は押さえて ／

3 前を押さえながら、グッと後ろにズラす

4 前の部分を内側に折り込む

5 前髪をサイドから少し出して完成！

マフラーの巻き方

「くるっと巻くだけだと歩いてるうちにすぐ落ちちゃうのが本当にストレスで…（笑）。この巻き方なら落ちないし、極寒の日でもめちゃ暖かいよ♡」

Q いつも同じマフラーの巻き方で飽きちゃいました

A この巻き方なら落ちない！ あったかい！ そして盛れる!!

ここから
スタート！

ぐるっと
巻いて

片方を
長くして

1 左側のマフラーを少し引き出して隙間を作る

2 作った隙間に左手を入れる

3 左手で右側のマフラーをつかむ

4 つかんだマフラーを隙間から引き出す

5 引っ張り出して整えれば完成！

ふんわり
整えてニュアンス
を出して…♡

埋もれたら
かわいさがさらに盛れる♡

マフラー／Heather、ニット／Qoo10、パンツ／GU、靴／CONVERSE

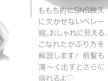

あか抜け大作戦

Entry no. 1

かわいくしたい！」というももちの発案でこのコーナーが実現。ふたりの大変身っぷりに注目です！

杉山さんのお悩みは？

絶対色々似合うよ！ スタイルいいから、 シンプルで女っぽい服にして 前髪薄くしたら めっちゃ変わりそう！
ガンバリマス！
淡色コーデやりがち
私、いつも同じ印象になっちゃうのが悩みで…
本当は韓国っぽい色気のある女のコになりたいんです！
毎日同じメイク&外ハネヘア
取材と見せかけて…
ももちだよ！
ぎゃあああ
ご対面！

杉山 桜さん

大学2年生／身長159㎝／archives、mysticなどで服を買い、コスメはADDICTIONが好き。淡色かわいい系のコーデ&ブラウンメイクのマンネリを、ももちに変えてもらいたくて今回応募。

“韓国っぽくなりたいけど、寄せ方がわからなくて…”

ヘアメイク　眉毛大事！ 眉の「上」を描こう！

① 眉が薄いゾ！

もっとしっかり描いてOK

向かって右がアフター。眉山を決めて、眉をしっかり描くと目元の印象が強くなり、美人度増し増し！

② 韓国っぽさはリップ大事よ

ヴィセ アヴァン リップスティック 031

目元には赤みブラウンのシャドウをON。目元とリンクするよう濃い赤リップを塗ると大人に。

エチュードハウス 9色パレット ROSE CRUSH

③ おくれ毛を巻いて～

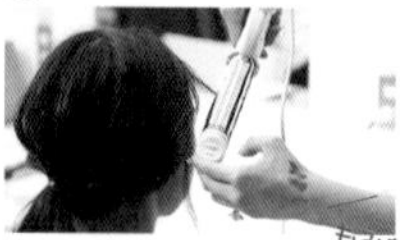

もみあげの毛、絶対出す！

低め位置でひとつ結びをし、顔周りのおくれ毛にニュアンスづけ。これが小顔&あか抜けの秘訣。

BEFORE
AFTER

完成！
photo by ももち

ももちコメント

眉とリップで、めちゃめちゃ大人っぽく変わりましたよね！ 眉毛ってしっかり描いたほうが顔が締まってあか抜けて見えるんです！ あとは薄い前髪ともみあげのおくれ毛を出すこと、これさえやれば、例外なく素敵になります！

ももちの手

服　黒ジャケットで大人めに

① ニットワンピをご提案

どう？
胃下垂が…

スラッとしたスタイルが活きそうな、フィット感のあるニットワンピをまずはオススメしてみると…。

② 撮ってみよう！

ジゴ袖の黒ワンピを試着。お似合いだけど杉山さん曰く「胃が目立つ…」ってことで次候補へ。

③ ジャケットコーデはいかが？

似合うよ！

体型カバーと大人見えが叶う、ゆるジャケット&ミニスカをももちが提案。「着てみたい！」と興奮！

④ 靴はブーツだね、さあどっち？

スタイルUPならこっち
今回はコレ！

かっちりしたジャケットコーデの足元は、カジュアルブーツでハズすのがももち的リコメン。

完成！
photo by ももち

AFTER
BEFORE

ももちコメント

マニッシュなジャケットのインナーには、デコルテの開いたピタニットで色っぽさがUPしますよ！ ジャケット／DRWCYS、ニット／MERCURYDUO、スカート／LILLIAN CARAT、靴／ANGEL ALARCON、バッグ／私物

Entry no. 2

#ももち芸人

「ももちプロデュースで、ファンを思いっきり

たくさんのご応募ありがとうございました！

山本怜奈さん

大学3年生／身長153㎝／初動画からずっと観ている生粋のももち芸人。GUやUNIQLOでのお買い物が定番で、いつもデニム一辺倒、な自分を変えたいと思っているけれど…。

山本さんのお悩みは？

キャラに合ってて今みたいなカジュアルもすっごくかわいいよ♡今日は肌見せに挑戦して、スタイルUPを狙ってみよっか！
実在してるんですね（泣）
よしよし
理想の姿
ももちさんのこんな雰囲気になりたいんです!!
現実の私
デニムばっかり…
コレもかわいいけどね♡ byももち
びっくりさせてゴメン！
ワオ！
会いたかったよ～
いいにおい
ホンモノやあ…

“シ、ショートブーツ… 生まれて初めて履きます!!”

ヘアメイク　ハイライトを仕込んだピンクメイクに

① ピンクを上下に入れるよ

インテグレート トリプルレシピ アイズ RD706

透明感ある山本さんのお肌には、ツヤ系のピンクシャドウをチョイス。上下まぶたに入れるのがミソ。

② 眉毛をしっかり描き ハイライトで立体感を

眉間、鼻先、こめかみ、アゴ先など細かくハイライトを入れるももちテクで、みるみる今どき顔に！

③「ん～っぱ」で オーバーリップに

口元は上品ピンクに。上唇と下唇をこすりあわせて自然なオーバーリップにする方法をみずから伝授！

エレガンス ルージュ シュペルブ セミマット 04

④ 服を見たら ヘアアレひらめいた！

高めお団子に

ロングスカートにはアップヘアがバランスよし。顔周り、襟足におくれ毛をしっかり残して。

BEFORE
AFTER

完成！

photo by ももち

ももちコメント

まず服を決めて、ヘアメイクは服に合わせて考えました。カーデのピンクとシャドウやリップをリンクさせたのと、ロンスカをスタイルアップして見せる高めお団子&薄め前髪もあか抜けポイント。めちゃめちゃ似合ってます♥

服　キャミで肌見せしてみましょ

① 実は決めて きたの！

応募写真を見て「サテンのキャミが似合いそう！」と、ももちがあらかじめ2コーデご用意。

ドキドキ

② コレもかわいいね

肌見せ初心者さんにオススメのデコルテ見せ。テラコッタ色もキュートな雰囲気にマッチ。ワンピース／MERCURYDUO

③ 靴、選びまーす！

もう1パターンの候補に着替えて靴選び。濃いカラーのショートブーツが相性よさそうだけど…。

④ 迷うなあ…

ブラウンのワントーン系でいくか、明るめボルドーで色を差すか、どっちもアリなので迷います。

効かせるか？なじませるか？

AFTER
BEFORE

完成！

photo by ももち

ももちコメント

ボルドー小物が透明肌とお似合い！デコルテをガッツリ見せて視線を誘導すると小柄さんもスッキリですよん♥キャミソール／LADYMADE、スカート／31 Sons de mode、バッグ／prefi intitle、靴／Dhyana、その他／私物

CHAPTER 2

BEAUTY

〝かわいい〟の進化が止まらない！　ももちのあか抜け♡ビューティー㊢

ももちのキレイの軌跡♡　ヘア&メイク変遷HISTORY

24歳

あか抜けた！と言われることが増えたももちの最新フェイス

22歳

派手髪が好きでピンク&くるくるパーマ風に。リップも濃かった(笑)！

20歳

アパレル時代は毎日ヘアアレ！　二重のりで目が引きつってたな…

16歳

黒髪&前髪厚め！アイドルに憧れて清楚系だった高校時代

ショップ店員時代からしている簡単ヘアアレンジや、整形級に変わる詐欺メイクなど
その変身っぷりがすごいヘア&メイクはももちならでは！
「すっぴんブスだけど、メイクでかわいくなれるって長所でしょ！」と言い切る
ももちのヘアメイクには、誰でもかわいくなれて、誰でもあか抜けて見える、
目からウロコなテクニックがいっぱいなんです！
努力と根性でつかんだ、ももちの〝かわいい〟の進化は、まだまだ止まらない♡

#ももちの定番ヘア　#前髪がかわいけりゃよし！　#ももちの簡単ヘアアレ　#カチ私物の毎日メイク　#プチプラ推しコスメ
#最旬♡カラーメイク　#行きつけサロン　#ももちヘアオーダーシート　#ももち式ダイエット　#ナイトルーティン

P55まで
全ヘアスタイル
このコテ1本で
完成するよ！

ももちhair

クレイツ×
AFLOATの
2Wayアイロン

ニット／31 Sons
de mode

ももちの定番ヘアは
外ハネストレート♥

私めっちゃ毛量が多いから、内巻きにするとボリューム
が出すぎちゃうんです。でもストレート+外ハネなら
毛量も抑えられるし、トレンド感も断然ある♡

＼ももちのスタメン
ヘアgoodsはコレ！／

めちゃめちゃ
髪がまとまる！

La Sana
海藻シルキーヘアスプレー

D plusプラント
オリジン
オイル

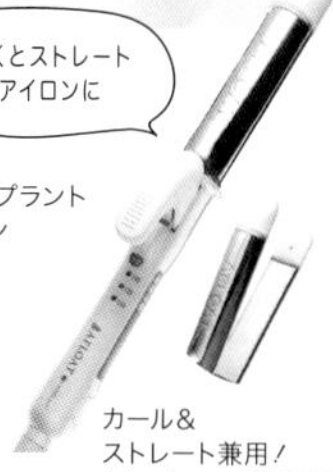

開くとストレート
アイロンに

カール&
ストレート兼用！
クレイツ×AFLOATの
2Wayアイロン

momochi point

ココ！ この毛ね!!

how to

ここは強めに
しっかり！

こめかみの毛も取って外巻きに

「毛束は少量でOK。ここを巻いておくと、耳に髪をかけたときや、ひとつ結びしたときもいい感じのおくれ毛になるんです♪」

＼くるんとね／

毛先は外ハネに

「毛束を持ちながら外巻きにするのがポイント。こうすることでコテが毛をしっかりキャッチできるし、巻きすぎ防止にも◎」

ざっくり
ゆるっと巻くよ

顔周りは外巻きに

「全体を巻かなくても、ここだけざっくり巻くだけで〝ちゃんとセットしてる感〟が♡ ストレートでも手抜き感が出ない！」

前髪がキマれば、とりあえずかわいいっしょ！

シースルーバング

センター分け

ぱっちんピン留め

タンクトップ／AS KNOW AS PINKY、ワンピース／H&M

how to

前髪は薄く、少なめにとって

「左右の黒目と黒目の間にある前髪を少量とる。前髪が厚い人は、内側の前髪だけ薄く残してやってみてね」

温度は低めに！

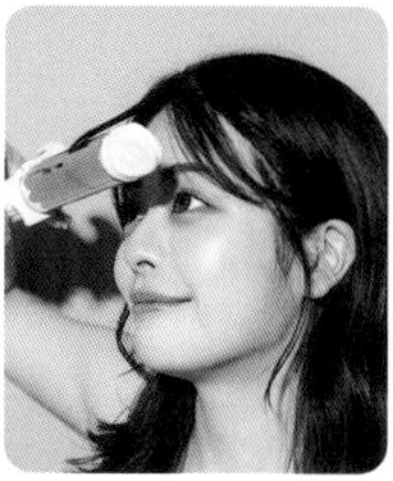

ストレートアイロンで巻く

「コテだとぐるんっと巻きすぎてしまうのでNG。額に沿うようにストレートをかけながら、毛先だけ少し巻く」

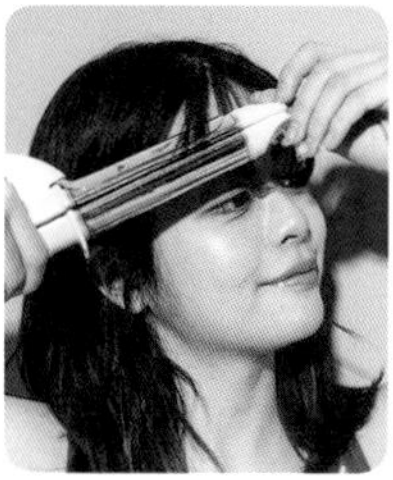

外側の前髪も同様に巻く

「外側の前髪も同様に、ストレートアイロンで伸ばしながら、毛先だけサイドに流れるように軽く巻いていく」

ココ重要

ふわっとさせて

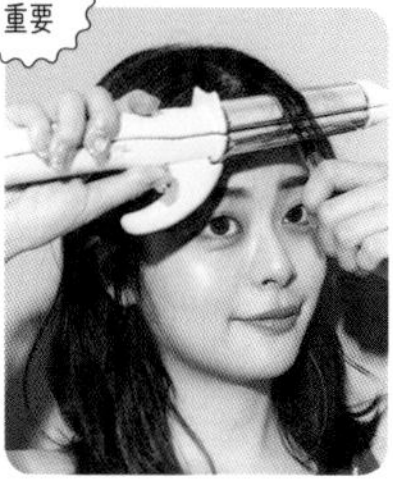

コテでふわっとクセづける

「電源を切り、コテの余熱で前髪を少しだけふわっと立ち上げる。このときカーラーを使うのもおすすめ」

how to

ココ重要

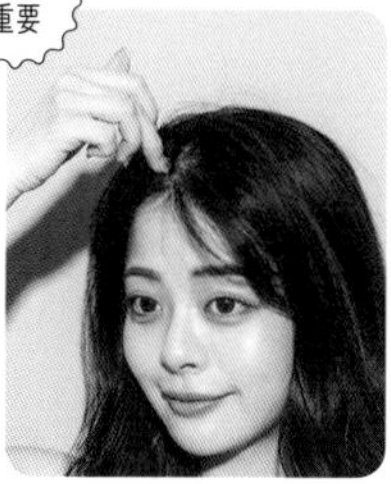

指でジグザグに分ける

「分け目がピシッとなっているとダサく見えがち。指やコームの先端でジグザグに分けるとこなれ感が出るよ」

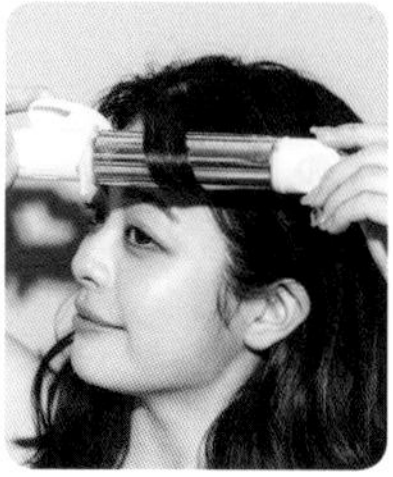

前髪は内巻きに巻く

「前髪をとり、毛先は横に流すように巻いていく。このとき、流したい方向にコテごと移動させるとうまくいくよ」

冷えるまでKEEP！

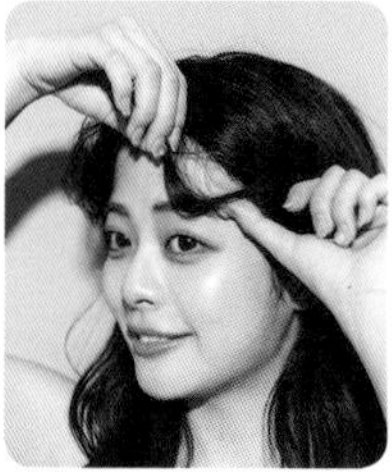

手でクセづける

「前髪を巻いたら、理想の形にキープ！ 髪は熱が冷めていくときにクセがつくので、すぐ動かさないのがポイント」

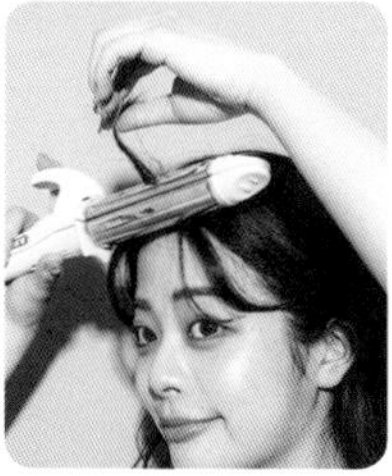

コテで根元を立ち上げる

「根元から立ち上げるように、コテをあてる。このときも、髪がサイドに流れるように前髪の形をキープして」

how to

生え際の前髪をねじる

「ピンやコームを使って前髪はきっちりセンター分けに。生え際の毛束を少しだけとったら、外巻きにねじっていく」

その下の毛束をとり、合わせてさらにねじる

「毛を少しずつとり、ねじった毛束に足していく。少しずつ足してねじっていくことでしっかり固定されてくずれにくくなる」

momochi point

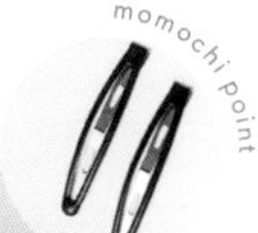

使ったのはセリアで買った100円ピン！

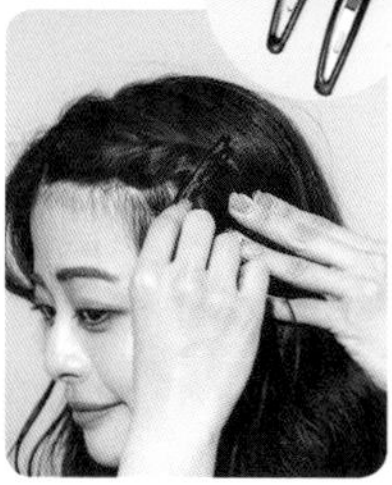

ぱっちんピンで留める

「ある程度ねじったら、頭のハチのあたりで留める。ちなみにセリアで買った100円ピンはしっかり留まって本当におすすめ！」

こめかみの毛は少し残して

「小顔効果を狙って！ おでこが出てる分、こめかみ部分の毛があるかどうかで顔のデカさが決まっちゃう(笑)！」

ももちの簡単ヘアアレ now！ 4style

ブラウス／Heather

#01

ふわふわ濡れ感ヘア

甘さも大人っぽさもほしいときにするのがこのアレンジ。しゃれ感があるから、女子ウケがめっちゃいい♡ この巻き方ならふわふわでもボリュームは抑えられるよ♪

how to

momochi point

巻いたらコテを外す…を繰り返してくるくるっと

＼ くるんとね ／

毛先は外巻きに

「ここで内巻きにすると甘すぎて姫みたいになっちゃうので、ふわふわに巻くからこそ毛先は外ハネでカジュアルに」

毛束はざっくり多めにとって

全体を4回外巻きに

「外巻きで巻いていくと、外側にくびれてS字が作れるので、たくさん巻いてもボリュームが出にくくなるんです♪」

ココ重要

＼ 片側3か所くらいとるよ ／

表面の毛は5回外巻きに

「表面の毛束を少しとって細かく外巻きに。こうすると髪に動きが出て、おしゃれなニュアンスが出せる♪」

＼ 内側からたっぷり♡ ／

オイルをもみ込む

「ヘアオイルを手にとり、たっぷり内側からもみ込むようにつける。ウエット感があると一気にあか抜けるよ♡」

D plusプラント
オリジンオイル

#02

リボンde ひとつ結び

ただのひとつ結びなのに、最後にリボンを
結ぶだけで手抜き感ゼロ、一気におしゃれ
見えするアレンジ！　ガーリーな服にも
ハマるし、大人っぽコーデのギャップにも♡

ニット[ビスチェ付き]／
Isnt' She ?、リボン／
MOKUBA

momochi point

リボンはMOKUBA

how to

ゴムを隠すように リボンを結ぶ

「仕上げのリボンは手芸屋さんのでもいいし、100均で売ってる毛糸やラッピング用リボンもめちゃ使えるよ！」

耳のうしろの毛も 引き出す

「忘れがちなのがココ。耳のうしろの毛も引き出してふわっとさせると、ニュアンスが出て仕上がりが全然変わってくる！」

ココ重要

内側から毛を 引っ張り出す

「〝ほじくって出す〟のがポイント。表面の毛を出すとポヨンって飛び出ちゃうけど、内側からなら100％失敗しない！」

手ぐしで ざっくりまとめる

「動きが出ればOKなので、髪は適当に巻いてからスタート。ブラシは使わず手ぐしでまとめたほうがラフでかわいい♡」

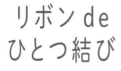

#03

ハーフお団子ヘア

友達とランチしたり買い物に行ったり、
カジュアル気分のときはこのヘアアレ！
見た目もすっきりしてるから、暗い色や
ボリュームのあるトップスのときに好相性♡

ニット／Swingle

momochi point

こうすると首が死ぬほど細く見える!!

momochi point

ちびゴムは3つ重ねて強度UP！

how to

耳上からざっくりハーフアップに

「耳の上から頭頂部にかけて、手ぐしでざっくり整えながらハーフアップを作ります。前髪は少なめがかわいいよ」

毛先部分は残してお団子を作る

「手抜き感が出る太ゴムはNG！ ハーフアップを最後まで結ばず、輪っかを作るように途中で留めればラフなお団子に」

お団子をくずす

「お団子から毛を少しずつ引き出してお団子をラフにくずしていきます。表面と中からバランスよく引っ張り出すのが◎」

毛先は内巻きに

「下ろしている髪の毛をコテで巻いて動きをつけていきます。まずは両サイドの毛先のみをくるんと内巻きに」

ココ重要

中間部分は外巻きに

「中間部分を外巻きにすると首のラインに沿うようにS字ができます。首が細く見えると結果的に全体が細く見える！」

#04

ランダム三つ編み

ショップ店員時代、急いでヘアアレンジしなきゃいけないときに思いついた、ラフ感がすぐに出せる時短ヘア！　メガネやベレー帽と相性バツグンで、インスタ映えもバッチリ！

ワンピース／LAGUNA MOON、帽子／GU

how to

ココ重要

ひとつだけ超少なくするのがポイント！

太さを変えて毛束を3つに分ける

「髪全体を左右で半分に分けてからスタート！　毛束を3つに分けるとき、ひとつの毛束だけ少なくとるのがコツ」

難しかったら普通の三つ編みでOK！

3つの毛束を編み込んでいく

「そのままの毛量をキープしたまま、編み込んでいきます。難しかったら編み込まず、普通の三つ編みでもOK！」

ゴムで結んだら太い毛束から毛を引き出す

「髪の毛を少しずつ引き出してくずせば完成！　細い毛束がランダムな動きをつけてくれるのでこなれ感がUP♡」

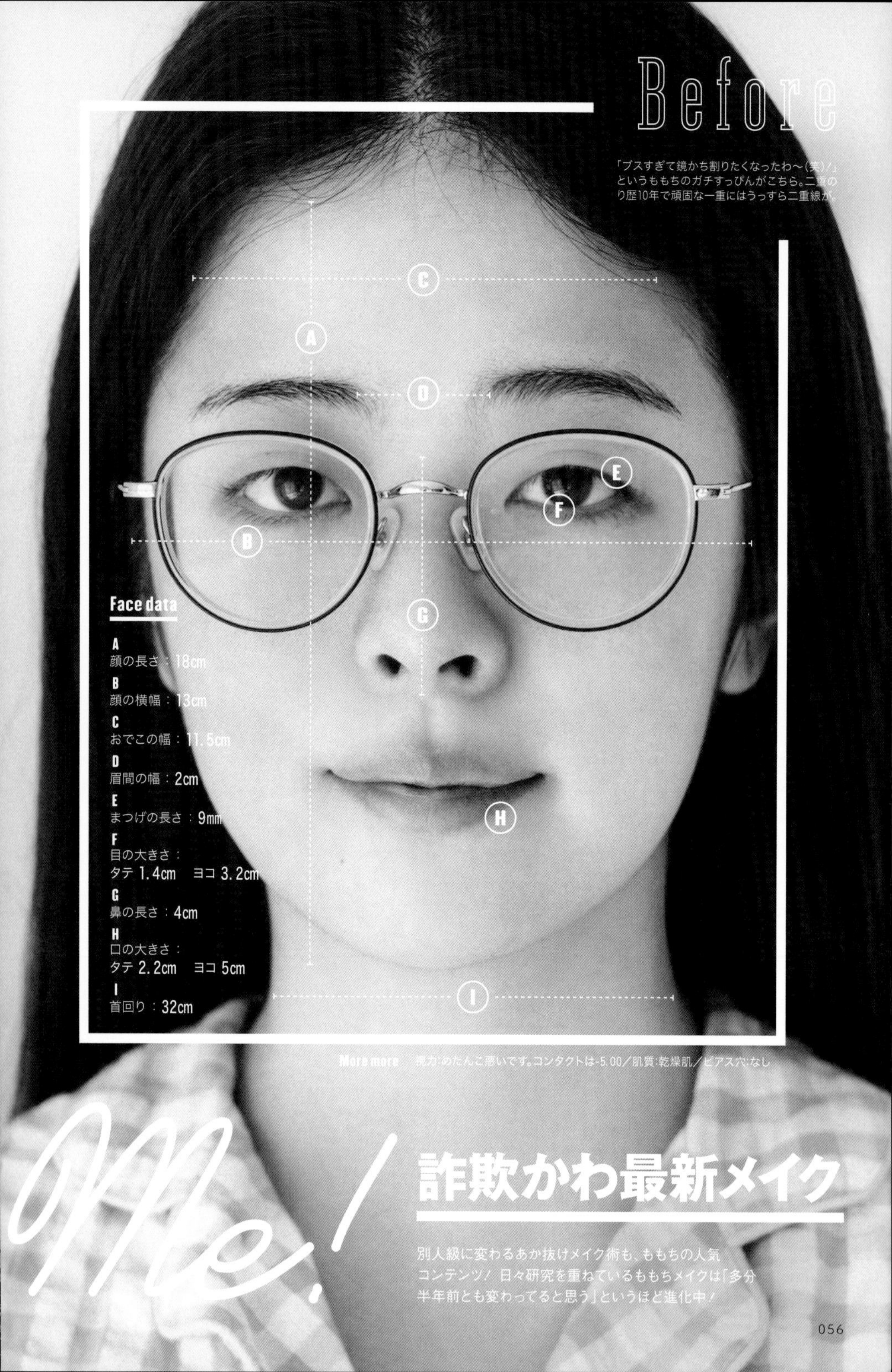

Before

「ブスすぎて鏡かち割りたくなったわ〜(笑)!」というももちのガチすっぴんがこちら。二重のり歴10年で頑固な一重にはうっすら二重線が。

Face data

A
顔の長さ：18cm

B
顔の横幅：13cm

C
おでこの幅：11.5cm

D
眉間の幅：2cm

E
まつげの長さ：9mm

F
目の大きさ：
タテ 1.4cm　ヨコ 3.2cm

G
鼻の長さ：4cm

H
口の大きさ：
タテ 2.2cm　ヨコ 5cm

I
首回り：32cm

More more　視力:めたんこ悪いです。コンタクトは-5.00／肌質:乾燥肌／ピアス穴:なし

Me!

詐欺かわ最新メイク

別人級に変わるあか抜けメイク術も、ももちの人気コンテンツ! 日々研究を重ねているももちメイクは「多分半年前とも変わってると思う」というほど進化中!

After

「マジで私、歌舞伎役者ばりに顔変わるんですよ（笑）！」別人級に変わるももちメイクの秘密は次ページで詳しく解説！

[Before]パジャマ／GU [After]ニット／And Couture、シャツ／MURUA、イヤリング／Liquem

衝撃すぎる Before → After! これがももちのNew

ももちの毎日メイクを大公開！

毛穴レスのベースメイクとぱっちり二重術がポイント！

研究を重ねた結果たどり着いた、ももち定番メイクのプロセスを詳しく解説！
〝努力だけで女のコはこんなにかわいくなれる！〟をももちが実証します♡

これがももちの ガチ私物コスメ！

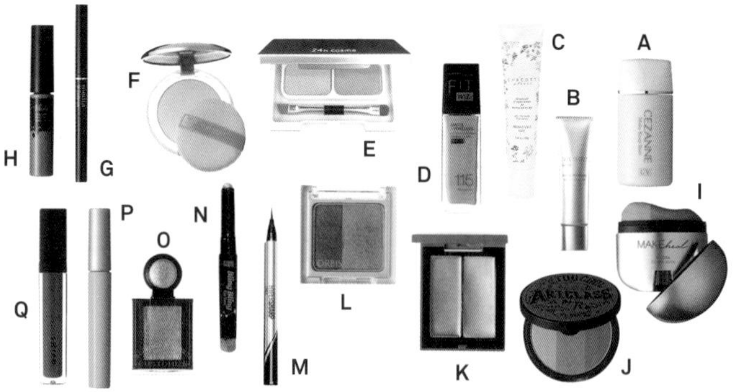

A.セザンヌの皮脂テカリ防止下地はプチプラなのにくずれないのがスゴイ！ B.肌にツヤが出るタイムシークレットのミネラルプライマーベース。 C.乾燥が気になるときは下地にChacottのモイスチャーゲルをプラス。 D.メイベリンのフィットミー リキッドファンデーションRはピタッと密着してマスクをしてもくずれない！ E.ニキビ跡にも使うので、肌に優しい24hコスメのミネラルUVコンシーラーが安心♡ F.仕上げのパウダー、タイムシークレットのミネラルプレストクリアベール。つけるとサラサラになる♪ G.2wayで使えるmediaのWアイブロウ ペンシル＆パウダー。色はNB-1を使ってるよ♪ H.ヴィセ リシェのカラーリング アイブロウマスカラはいちばん明るいBR-1を愛用中。 I.シェーディングはMAKEHEALのVセラカバースティック。 J.アートクラスのシェーディングは涙袋ラインのぼかしにも！ K.ツヤ出しに必須なTHREEのシマリング グローデュオ 01。 L.ORBISのツイングラデーションアイカラー。定番メイクなら8190番がおすすめ！ M.ダブルラインはメイベリン ハイパーシャープライナー SB-1で！ N.エチュードハウスのキラキラアイシャドウ PK004はぷっくり涙袋に欠かせない！ O.ラメ感もかわいい、マジョリカマジョルカのシャドーカスタマイズ BR701。 P.Eyeputtiの一重・奥二重用マスカラはマジでカールが落ちない！ Q.発色も保湿も最高なSHIROのジンジャーリップバター♡ 色は9104だよ！

BASE

ニキビ、毛穴を消す！

毛穴レスな透明感のある肌が目標♡ 最近はマスクをすることも多いので、ピタッと肌に密着する、くずれない肌作りが超重要！

How To Make-Up

1 ABの下地を各パール大ずつとり手の甲で混ぜる。乾燥が気になるときはCも追加。

2 混ぜた下地をおでこ・両頬・鼻・あごにポンとおいたら、3本指で外側にのばしていく。

3 Dのファンデーションも下地と同様に外側にのばしていきます。このとき鼻には塗らなくてOK！

4 鼻はお気持ち程度でOKなので、手に余ったファンデーションで鼻にも塗っていく。

5 E（右側の濃いほう）をブラシでとり、クマにのばしたら指でトントンとなじませる。

6 E（左側の薄いほう）を赤みが気になる部分やニキビ跡に指でおき、のばしていく。

7 Fをブラシで顔全体、特に眉毛と目元にしっかりつける。「こうするとメイクのノリも◎！」

8 仕上げに手のひらでハンドプレス！ 肌にピタッと密着させると、さらにくずれ防止に効果的。

Momochi Point
コンシーラーをおいたら、使ってない指でその周りをボカシます。「おいた場所から絶対逃さない！」という気持ちで！

EYEBROW

眉毛は細めにしっかり！

眉山が上がりすぎていない、平行な眉毛で優しげに。今って太めの眉毛がトレンドだけど、私は目が大きめだから、眉はやや細めがバランスいいみたい！

パウダーでぼかすよ

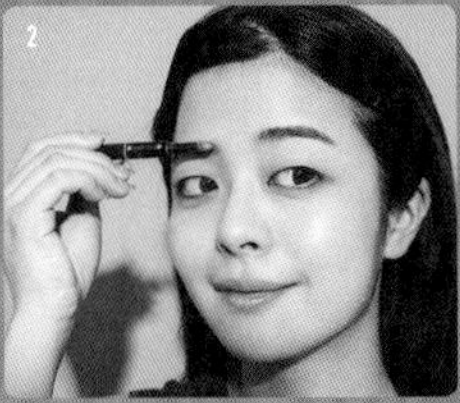

まず眉山から

G

仕上げはコレ♡

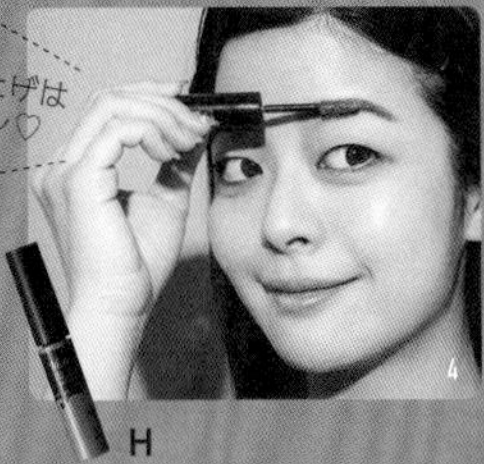

H

ついでにノーズシャドウも

Momochi Point
眉毛の下側を足すのが定説だけど、私は上側を足したほうがあか抜ける気がする。自分の顔に合う方法を試してみて！

How To Make-Up

1 Gのペンシルのほうを使って、眉山のいちばん高い位置を決めたら、そこから眉尻までを描く。

2 Gのパウダーチップのほうを使って、眉頭から全体を描きふわっと自然になじませていきます。

3 そのまま同じパウダーチップを使って、眉頭の下にノーズシャドウを入れ、手で軽くボカす。

4 Hをササッと塗る。最初は毛流れに沿って→下から上方向に→最後はまた毛流れに沿って流す。

SHADING & HIGHLIGHT

陰影で小顔に見せる！

メイクの中でも、シェーディングはアイテムを2個使い分けるくらいこだわりアリ♡ とにかく輪郭をゴリゴリ削って小顔に見せたいっ！

小顔は作れる！

I

上からなぞって

J

高くなーれ♪

ポンポンと

K

鼻にチョンチョン

How To Make-Up

1 口をすぼめて凹む部分と、アゴのラインにI（濃いほう）を直塗りして指でのばしていく。

2 Jをブラシで全体とり、上から重ねていく。耳の後ろの生え際のあたりまでしっかり！

3 Jの真ん中の色を小さめのブラシにとって、鼻筋の横と小鼻に入れ影をつけていく。

4 Kの★部分を指でとり、頬骨の外側にのせる。「ツヤが出て透明感もUPするよ！」

5 同様に、眉間・鼻根・鼻の頭・唇の上下にも細かくハイライトをのせていく。

おまけももち

3CEのホワイトミルククリームがめっちゃ白くなる！

手に塗るとこんなに変わる！

クリームあり　クリームなし

首にちょんと

「SNSでめちゃバズってて、即Qoo10で購入！ 首と手に塗ってるよ。配信のときに手の黒さが気になってたけど、これはマジで白くなる！」

EYE

頑固な一重だって整形級のぱっちり目に！

まぶたが重くてもともと頑固な一重が超コンプレックス。中学生からの二重のり歴約10年でうっすら二重線ができたので、そのラインを強調します！

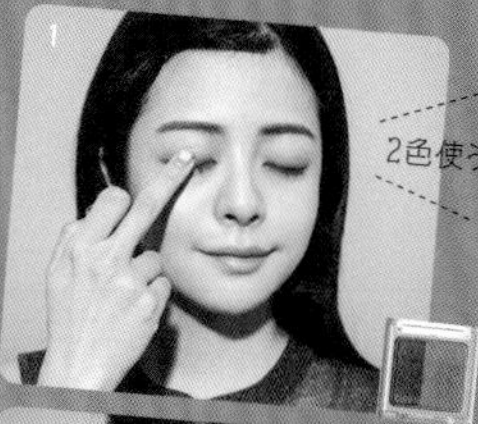

2色使うよ

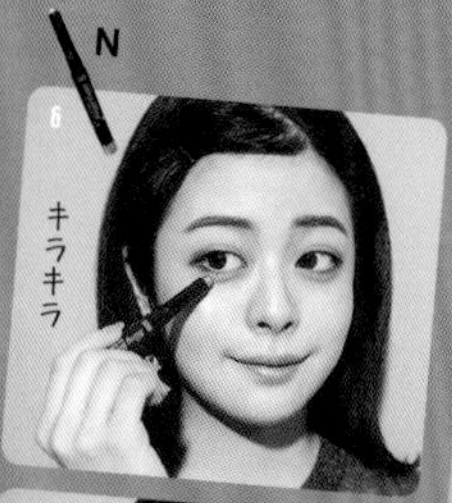

真ん中だけ！

Momochi Point
筆は寝かさずに立てて、できるだけ毛先を細くするのがポイント！ 少しずつ描くと失敗ナシ。

涙袋をボカす

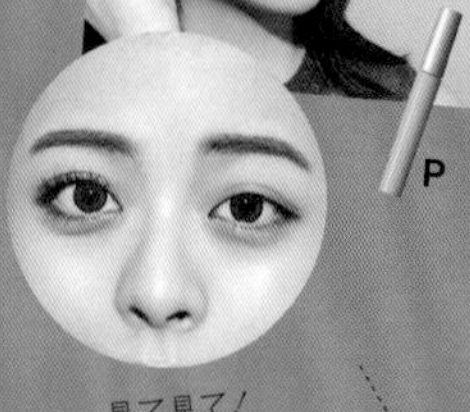

見て見て！
ビューラーとマスカラだけでこんなに変わるの！

How To Make-Up

1 Lのアイシャドウは、右側をアイホール全体に、左側を二重幅に指でのせる。

2 Lの左側（濃いほう）を小さめのブラシにとり、目尻を囲むようにくの字に足していく。

3 二重のりをし続けた努力の賜物（涙）、うっすらできた二重線と涙袋にMでラインを入れる。

4 Jの★部分をブラシにとり、ラインを引いた上から重ねて自然な感じにボカしていく。

5 Mで目尻にだけラインを引く。「私の場合はガッツリ入れるとケバくなっちゃうので目尻のみ」

6 Nで涙袋にラメシャドウを入れる。直塗りでOK！「これを入れると涙袋がぷっくり♡」

7 Oを指でとり、黒目の上にだけのせる。「目の高さが強調されてくりっと丸く見えるよ♪」

8 「ビューラーはシュウウエムラをずっと愛用！ 根元からぐいっと上げていきます」

9 Pを根元から塗る。「この強力なカール力がまぶたをぐいっと持ち上げてくれる！」

LIP

じゅわっと自然な今どきカラーに♡

家にはリップが100本以上あるほどのリップマニア♡ コーディネートに合わせてリップは変えるけど、このリップはどんな服にも合う万能カラー！

How To Make-Up

1 Qを下唇に直塗りする。「これは発色もいいのに保湿力があるから、1本でOK！」

2 口をすぼめ、唇こすりあわせてリップをなじませる。

3 パッと口を開いて完成♡

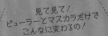

すっぴん詐欺って言われるけど、"メイクがうまい"ってホメ言葉でしょ!

もともと**「すっぴんブス」**が鬼コンプレックス。彼氏の家にお泊まりしたときもすっぴんなんて見せられなかったし、カラコンもつけたまま寝てたくらい。三白眼だからカラコン外すと黒目がめっちゃ小さくなるし、そもそも一重だからメイクを落としたときの差がすごいんですよね。ずっと二重のりでパッチリ目に見せてたんだけど、なぜか**すごい嫌味言われる**の(笑)。インスタライブでも「ももちさん二重のりですよね(笑)」とか「すっぴんと顔違いすぎ」とか。そのコメントが悔しすぎて…! でも**それを隠してる自分ってみじめ**だなと思ったから、あえて「そうだよ〜! 二重のりでメイクしてる!」って明るく返したら、そういうコメントはなくなってって、むしろ「ももちメイクで変わってええやん!」って言ってくれるファンのコが増えてうれしかったな。ブスな分メイクで変われるし、それを発信することで私のメイクの変化をみんなに楽しんでもらえる。ずっとすっぴんがコンプレックスだったけど、**SNSを始めたから自分が肯定できた**んだと思います。今は人並みに「ここがこうだったらな〜」って思うくらい。ぱっちり二重だったらな〜とか、朝起きたら橋本環奈ちゃんみたいな顔になってないかな〜、とかね(笑)。だいたいすっぴん詐欺だから何!? って思う。何が悪いかわかんない。目ザイクしてかわいくなれるんだったらよくない?って(笑)。ブスならブスな分、**メイクしてかわいくなれるんだからそれって長所**じゃん! メイクしてかわいくなれるっていうのは、運動ができるとか楽器が弾けるとか料理が上手なのと一緒。それって長所だから、詐欺って言われるのはホメ言葉だなって思ってる!

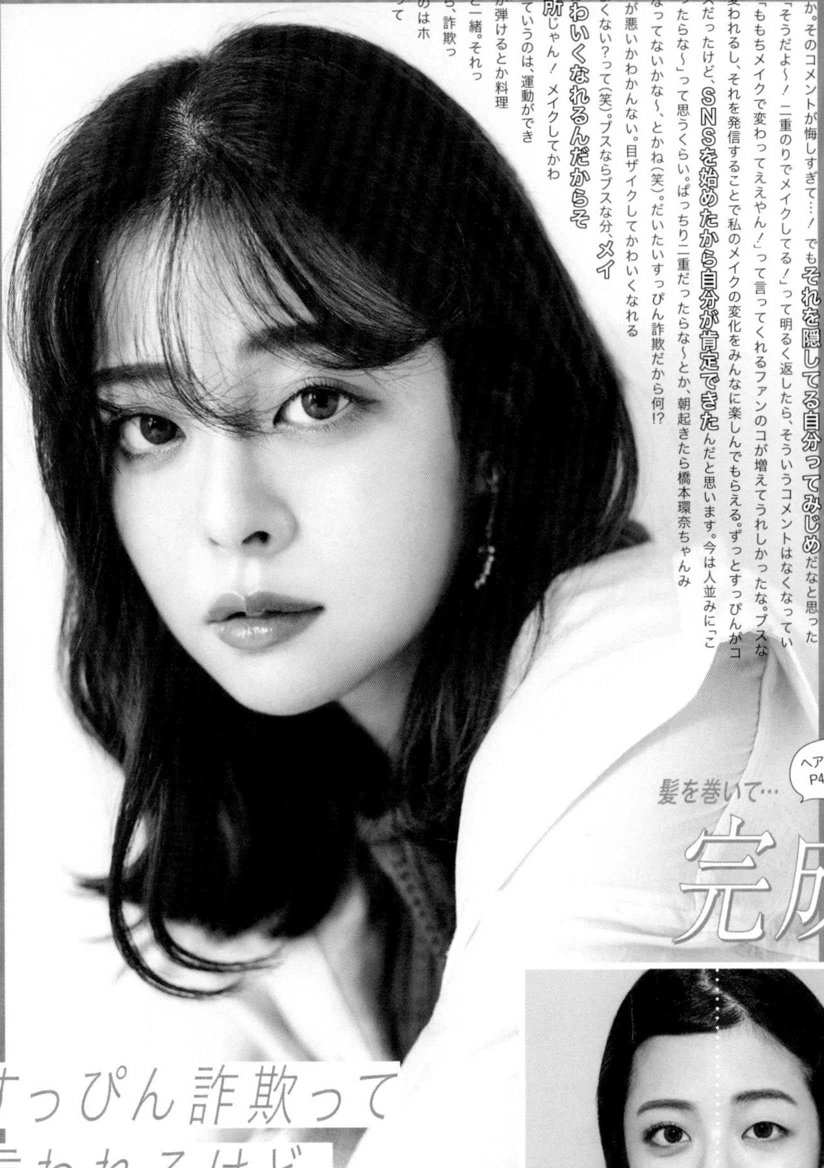

ヘアの作り方はP49を見てね

髪を巻いて…

完成!

プチプラコスメ

ファッションだけじゃなく、ももちはコスメまでプチプラ上手♡ 普段からよくチェックしているドラッグストアで発見した、コスパ最強の推しコスメをご紹介！

つけるとこんな感じ♥

"お気持ち程度のバーガンディが使いやすい！

Visée

バーガンディ系パレット

「バーガンディって難しい印象があるけど、ヴィセ リシェ グロッシーリッチ アイズのPK-3は、パープル感が強すぎなくてつけるとブラウン見えするのが◎！ 右上のベースも最高。この単色でもめっちゃ使います」

"ラベンダーカラーで肌のトーンUP！

ORBIS

UVカット入り下地

「オルビスって肌に優しいから、肌あれしてるときも安心して使えるのが◎。このスムースキープベース UVはくすみも飛ぶし保湿力もあるし、くずれも防止してくれるから本当に万能！ 超おすすめ！」

"ラメというよりツヤ！ しっとり濡れ感が出せる

MAYBELLINE

ツヤありラメシャドウ

「メイベリンのセンセーショナルエフェクト アイシャドウ S01は、リキッドで密着力がすごいからもちがいい！ これにピンクやオレンジシャドウを重ねるとさらにGood。ラメラメしてないから大人っぽさもあるよ♡」

"鼻周りに仕込んでおくと仕上がりが変わる！

MAJOLICA MAJORCA

部分用下地

「鼻周りのメイクがくずれると顔全体がくずれて見えるくらい、鼻のよれって本当に目立つ！ でもマジョマジョのポアレスフリーザーを仕込んでおくとマジでくずれない！」

つけるとこんな感じ♥

"しっとりしたラメが浮かない！ 飛ばない！

ETUDE HOUSE

キラキラ ラメスティック

「だいたい涙袋にラメを塗ると、そのラメが飛び散ってカラコンに入ってめちゃ痛いっていうのがありがち(笑)。でもこのシャドウにはそれがない！ ぷっくり見えるしこれで¥510は最高！」

"しっとりした質感で粉浮きしない

CANMAKE

ベージュ系アイシャドウ

「キャンメイクのシルキースフレアイズ 03は、グラデにするよりも単色使いが好き！ 特に右上のイエロー系ベージュと、左下のピンクブラウンが推し♡ 1色で今っぽい目元になるよ！」

\ ALL ¥2,800以下 /

ももちの激推し！

ワンコインでこの
発色はもう感動モノ

つけるとこんな感じ♥

CEZANNE

大人め♡オレンジリップ

「セザンヌのラスティングリップカラー、前に使ったときはあまりハマらなかったけどこないだ買ったらめちゃめちゃ改良されててびっくり！ 特にオレンジ系の504番は発色もかわいく、もちもいいしあれないしもう最高すぎた♡ これで¥480は絶対買い！」

ettusais

ピュアピンク♡リップ

「エテュセ リップエッセンス ホット a PKはとにかく保湿力がすごい！ ほんのり血色感が出るから、すっぴん風メイクに欠かせない！ 寝る前に塗ると翌朝ぷるぷるになるよ♡」

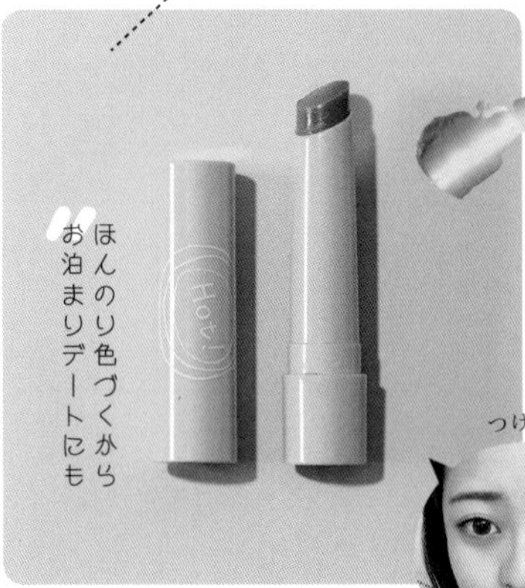
ほんのり色づくから
お泊まりデートにも

つけるとこんな感じ

EYEZ

マスカラ下地兼まつげ美容液

「まつげ美容液って根元に塗るタイプが多いけど、EYEZのアイラッシュリポゾーンはブラシでバサッと塗れるのが手軽でいい！ これを使ってからマツエクのもちもよくなった♡」

手軽に使えるブラシ
タイプってのもよい！
EYEZ
EYELASH LIPOZONE

ORBIS

オレンジ×ゴールド
コンビアイカラー

「オルビスのツイングラデーションアイカラー（オレンジプラリネ）は、まずこの絶妙なオレンジが天才！ 派手すぎずナチュラルになじんで大人っぽいのにしっかりオレンジ感はある…♡ ゴールドは二重幅に入れるとさりげなく引き締めてくれるよ♪」

最後にちょい足して
めちゃあか抜ける！
WHOMEE
IGARI

WHOMEE

ブラウン系リップスティック

フーミーのリップスティック（want）はブラウンの色味が絶妙！ 秋冬、おしゃれ顔になりたいときはコレを使うと間違いない！ 発色がめちゃいいから、普段のリップにちょんちょんとつけ足すのがおすすめ」

オレンジとゴールドの絶妙
カラーかわいすぎか

ももちが今気になる、3つの顔にTRY！

テイスト別 最旬メイク♡

「メイクってなりたい自分にすぐ変われるから大好き！ 今日はピンク、とか今日は韓国風、とかイメージをもってメイクするともっと楽しいよ♡」

使ったのはコレ！

A B C D

HOW TO

①Bの◆をアイホールと涙袋に入れる。②Aの★を二重幅に、Bの♥を目尻の下に入れる。③Cのチークは頬骨の高い位置に平行に。④Dのリップを直塗りする。

A「キャンメイクのパーフェクトスタイリストアイズの16番は肌なじみのいいイエローが◎！」B「オレンジの発色が絶妙なヴィセ リシェ グロッシーリッチ アイズはOR-2番がめちゃ使える」C「チークはキャンメイクのパウダーチークス PW40でプチプラに」D「SUQQUのモイスチャー リッチ リップスティックは12番の大人なイエロー感が♡」

EYE

「目をぐるりと囲むようにシャドウをのせると今っぽくなるよ。発色のいいイエローを二重幅に重ねて立体感プラス」

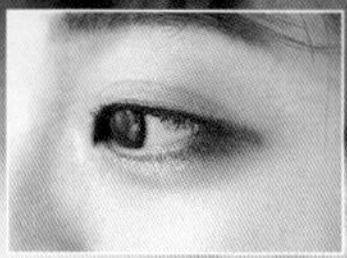

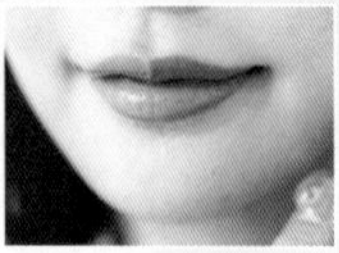

LIP

「リップもイエロー感の強いものをチョイス。ツヤ感たっぷりに仕上げて！」

ワンピース／SNIDEL

FACE

ハッピー感漂う 大人なオレンジメイク

ヘルシーでトレンド感たっぷりの今どき顔になれるのがオレンジ♡ アクティブな気分の日にぴったり！

チョア

좋아 FACE

強い瞳で ドキッとさせる♡ 韓国メイク

「今日はがっつり気分変えたい!」っていう日には韓国メイク♡ ラインもリップも強い分、めちゃめちゃ盛れる!

使ったのはコレ!

EYE

「アイラインは漆黒のものならOK! 目尻のみ、少したれ目になるように入れるよ」

LIP

「Cのリップは直塗りした後、オーバーするように指でボカしていくのがポイント!」

HOW TO

①Aの◆をアイホール全体と涙袋に入れ、★を二重幅と涙袋に重ねる。♥は目尻の上下に入れる。②Bの●のラメを黒目の上と、目尻の下に少しのせる。③Cをリップ全体に塗り、Dを真ん中にだけに少し足す。

A「rom&ndのアイシャドウの01番はマットな質感も◎!」 B「3CEのマルチカラーパレット(DIAMOND GLINT)のラメがでかくて最高!」 C「ビビッドな発色はさすが韓国発のrom&nd! 色はゼロベルベット ティントの05番だよ」 D「3CEのベルベットリップティントは、深みのある#TAUPEをチョイス」

カットソー／GU、リング／CONTROL FREAK

Sweet FACE

恋してる感あふれる♡ 大人ガーリーなピンクメイク

甘めの服に合わせて、大人かわいくしたいときはやっぱりピンク♡ デートとか、100でモテにいきたいときは絶対コレです（笑）！

EYE

「グラデにせず、アイシャドウは単色にしたほうがピンク感が出る」

LIP

「目元がしっかりピンクなので、リップは発色よりも潤い重視」

使ったのはコレ

A B C D

HOW TO

①Cをアイホール全体に塗る。②Aの♥を目の下側のキワに細く入れる。◆に♥をちょい足しして涙袋に。●は二重幅の目尻側に。普段メイクの眉毛に★を少しのせる。③Dで目尻だけにラインを引く。④Bのリップを直塗りして完成！

A「ピンクシャドウならCLIOのプロ アイパレットの05番！ バリエがすごい！」B「石原さとみさんみたいになれる、セザンヌのラスティング クロスリップ BE2♡」C「メイベリン センセーショナルエフェクト アイシャドウ（S06）はピンク味が程よい！」D「メイベリン ハイパーシャープライナー BR-3でラインもピンク感をプラス！」

ブラウス MISCH MASCH、イヤリング ANEMONE

ももちのBeauty salon list

ももちの担当さんに聞きました！

ももちヘアになれる♥ オーダーシート

Cut Point

普通に下ろしても センター分けもできる2wayバング

奥行きと横幅は狭く。
ストレートアイロンで巻いて
ちょうどいい、目にかかる長さで
ラウンドにカット！

Cut Point

シンプルな切りっぱなしの ミディアムスタイル

平行ラインにカット。
ももちは髪にクセが少しあるので
重ためのカットにしてます。
レイヤーもなし！

Color Point

ほんのり色づく “ももちピンク♡”

ブリーチなしのカラー剤のみ。
高発色のピンクにブラウンを混ぜて、
深みとツヤをプラスしています。
褪色したときに黄ばみが出にくいのも◎。

担当は
尾山健一さん

▶Hair data

髪質	やわらかい　普通　かたい
毛量	少ない　普通　多い
備考	クセの出やすい前髪のみ、ストレートパーマ。こうすることでいろんなアレンジがしやすくなる！

行きつけサロンはココ！

WYETH
東京都渋谷区神宮前
4-5-13
アピス表参道 スクエア4F
☎03-6812-9012

「自分に合う絶妙カラーにしてくれる！トリートメントもサラサラになる♡」

歯列矯正中です！

アニバーサリー
デンタルギンザ
東京都中央区銀座1-8-19
キラリトギンザ10F
☎0120-666-842

「始めて1か月でもう歯並びがよくなってきて感動…！ 院長先生も優しいよ♡」

マッサージが最高♡

ELAN MARIRE
東京都港区南青山
1-10-10
I&T minamiaoyama 2F
☎03-6434-0943

「リンパをゴリゴリ流してくれるマッサージが気持ちよすぎ♡ 施術後スッキリ！」

オリジナルカラーがかわいい！

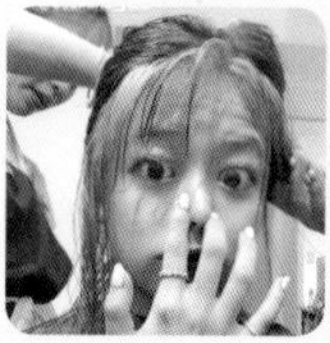

Lysa
東京都渋谷区神宮前
3-14-17
神宮苑101
☎03-6447-1579

「常にトレンドを取り入れたヘアになる！ネイルとヘアー緒にできるのも◎。」

きゅっと小顔になれる！

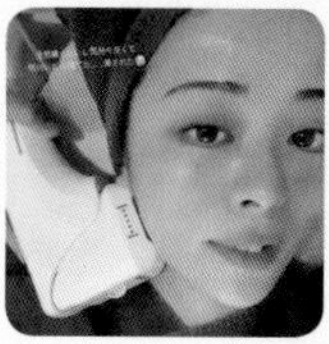

Salon de reve
東京都港区南青山
5-6-4
ハイトリオ南青山501
☎03-6427-3926

「HIFUは即効性◎。幹細胞導入もすると肌の調子がめちゃよくなる！」

肌質改善中です！

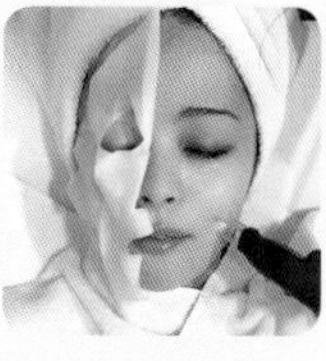

ティーアイ クリニック
東京都港区北青山
3-5-17 はる木ビル 4F
☎0120-18-9270

「ずっと悩みだったニキビ跡が、ここのプラズマをしたら消えてきた♡」

ネイルは友達のYUCAにやってもらってるよ♥

「下北沢にあるTETTY(@yuca_814)のオリジナルネイルがかわいい♡ いつも右手と左手は別のデザインに。メイク動画でよく映る中指と薬指にワンポイントを施すよ♪」

デート必勝♥

ももちルーティン

デート前日はしっかり仕込みます♡
手や腕がふれたときに、モチッとしてるといいな
と思うので(笑)、ボディケアは重点的に！

[To Do List…♡]

- □ 髪は特別ケアで潤いを！ さらツヤヘアに
- □ 角質オフして ちゅるちゅる肌を目指す
- □ 気になるところは隠すけど あくまで夜はすっぴん風！
- □ ボディミルクとオイルで やわ肌に♡
- □ 香りは香水ではなく 髪に仕込む！

「お泊まりデート前日のナイトルーティン」

ORBISのクリアシリーズでしっかりスキンケア

「このシリーズはニキビケアに特化してるのが◎。一時期、肌あれしたときがあったんですが、コレを使ったらかなり改善された♡ デート前日は体にも塗って贅沢使いしちゃいます(笑)！」

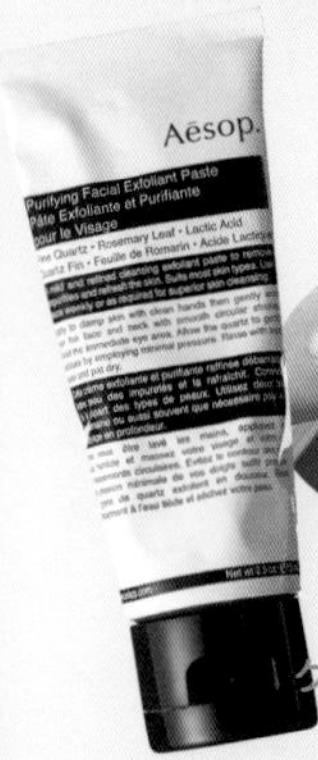

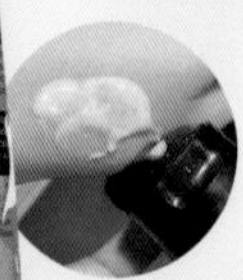

Aēsopのクリームクレンザーでツヤ肌に！

「イソップのピュリファイング フェイシャル クリーム クレンザーで優しく角質オフ！ これ使うと肌が超ちゅるちゅるになるよ♡ 週3くらいで使ってるけど、デート前日はマストで！」

SHIROのボディミルクで脚マッサージ

「SHIROはルームフレグランスも使ってるくらい大好きな香り♡ ベタベタしない塗り心地のよさも最高で、持続性があるから翌日もほんのり香るよ♡ 足首からふくらはぎにかけてマッサージ！」

BOTANIENCEのヘアクリームで集中ケア♡

「このヘアクリームは毛量の多い人に特におすすめ！ ボリュームダウンしつつ、さらさらな髪になるよ！ 髪がまとまりやすくなるから、ダウンヘアで挑みたいデート前日はコレでケア♡」

ちなみに…
デート当日の
朝は♥

CARE ZONEで角質オフ！

「ファンのコにもらってからずっと使っている朝の拭き取りシート♡ シートが両面使えるようになっていて、表で角質を取って、裏で肌の表面を滑らかにする、2つが同時にできちゃう、毎朝の必須アイテム！」

クレンジングも
愛用♡

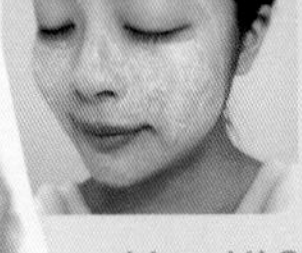

MocCHi SKINで肌パック

「肌が本当にもっちもちになる！ 今までパックって面倒だから毎日できなかったけど、コレは洗い流すタイプでお風呂の中でも使えるから、トリートメント中のながらケアで続けられる♪」

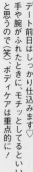

La Sanaのヘアスプレーでさらツヤストレートにする！

「やっぱりツヤツヤのストレートヘアって全男子が好きだと思うんですよね…！ ラサーナの海藻シルキーヘアスプレーは、シュッとスプレーしたあとブラシでとかしながらブローするだけだから簡単♡ 彼のおうちでもできちゃいます！」

After

Before

スプレーしてブローするだけでコレって天才すぎんか…！

SHIROのヘアミストで髪にだけ香りを仕込む♡

↑「香水の強い香りよりも、お泊まりデートのときは髪からナチュラルに香るのがいい！ ごはんを食べに行ったあともシュッとするだけで髪についた匂いが取れるよ♪」

&honeyのオイルカプセルで全身に潤いを

「小さなカプセルになってるから、デート当日はポーチの中に2コくらい入れておきます！ 全身に使えるのでパサつきが気になった髪や手も、出先でササッとケアできる♪」

小分けにできるから持ち運びも便利！

ももちのパジャマコレクション

NIKEのスエット

ジェラピケのもこもこ

GUの大人ネイビー

「お泊まりデート当日のヘア&メイク」

お泊まりデートはすっぴん風Hair&Makeで挑むぜ…♡

あくまですっぴん風！超絶ナチュラルFACE♡

Skin

P58でも使ったコンシーラー&パウダーをON。「コンシーラーは気になるところにちょっとだけ！」

Eye

P60にも登場したメイベリンの愛用ライナーでダブルラインをこっそり。「引いたあと指で軽くトントンとなじませて」

ダブルラインだけうっすら引く

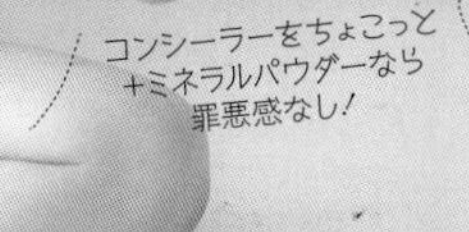

コンシーラーをちょこっと+ミネラルパウダーなら罪悪感なし！

Lip

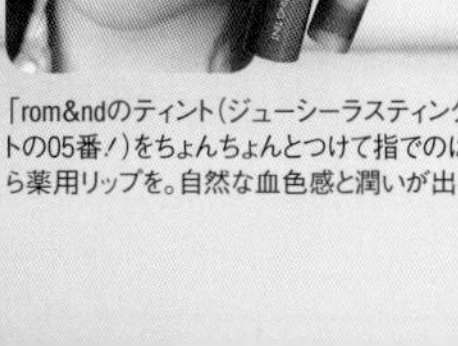

薬用リップにティントをちょっぴり

「rom&ndのティント（ジューシーラスティングティントの05番！）をちょんちょんとつけて指でのばしてから薬用リップを。自然な血色感と潤いが出るよ！」

運動しないでやせる！

ももち式 ダイエット

「このスタイルBOOKの撮影のために気合い入れてやせた！」というももちのダイエット方法は食生活がカギ！ 運動なしで-5kgを達成しました♡

こんなに変わったよ！

ちなみに高校時代は

「高校時代ヤバイ！ 自分でも引くほど顔パンパンなんやけど(笑)!! ずっと48kgくらいだったけど、リバウンドしないように3か月くらいかけて少しずつ落としたよ！」

これがダンボールで2箱あります…！

豆乳は箱買い！

「カロリー45%オフの豆乳を楽天で箱買い！ 常温で保存できるよ。イソフラボンはお肌キレイになるって聞いたので、青汁を割ったりプロテインに混ぜたり、毎朝飲んでます！」

吉野家のライザップ牛サラダはめちゃ低糖質でボリューーミー！

タンパク質豊富な鶏肉もブロッコリーも半熟玉子も入っていて、ボリュームがあるから食べ応え満点！ そしてめちゃうまい♡ ダイエット中は週3～4回くらい食べてました♪

野菜たっぷり脂肪燃焼スープ

「食べれば食べるほどカロリーが燃える！ 野菜不足も解消できるし健康的にやせられる神スープ…♡ 小腹が空いたときにマグカップ1～2杯を食べてたよ！」

作り方

①キャベツ、玉ねぎ、セロリ、ピーマンを適当に切って鍋にぶち込む。②ホールトマト缶、チキンスープの素、野菜がひたひたになるまで水を入れる。③とろとろになるまで30分くらい煮込んで完成！ 物足りないコはソーセージを入れても◎！

市販のスープも常にストックしてるよ！

「汁物ってマジおなかふくれるから心が満たされていい！ 特にクレアおばさんシリーズのスープはめちゃうまいからみんな食べてみて！」

朝ごはんには青汁を一杯♡

「青汁はずっと飲んでたけど苦いしおいしくなくて…ないなら作っちゃえ！ってことでイチから商品開発しました♡ コレ飲むとお通じがめちゃめちゃよくなる…！」

おいしい青汁がないから作っちゃいました！

MOMOCHI no AOJIRU

「たくさん打ち合わせて、青汁と思えない、すっきりした甘さのフルーティな味ができました(自画自賛)♡ 毎朝、豆乳で割って飲んでるよ！ 飲むと腸がぎゅるぎゅる動くのがわかるの…！」

小腹が空いたらSOYJOY！

「中でもブルーのやつが激ウマ♡ 自粛期間中、友達とZoomで朝までマリカーやってたんだけど、みんな夜中にカップラーメンとか食べるのよ(笑)!! でも私はコレでがまんちたエライ…」

ミニBagにも入る！ P43も見てね

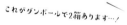

プロテインパンケーキも作ったよ

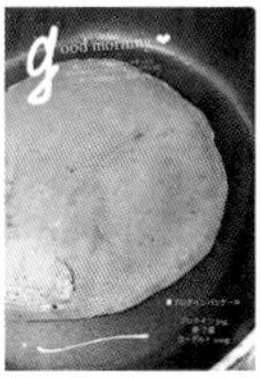

プロテインは2kg買い！

「タンパク質ってなかなか足りてないらしいから、プロテインを朝に摂取！ プロテイン、卵、ヨーグルトを混ぜてパンケーキも作ったよ♪ ダイエット中でもパン食べてる気分になれて幸せ…♡」

炭水化物が食べたくなったら 賢者の食卓

「糖分の吸収を抑えてくれるトクホ食品。無味無臭だし、スティックタイプで持ち歩きやすいのも◎。田中みな実さんをマネしてお昼はしっかり炭水化物をとってたからリバウンドしてない♪」

お昼はお米をしっかり食べる！

コンビニはダイエット飯の宝庫！

「ダイエット中はカロリーはもちろん、糖質も摂取しすぎないように注意してました！ コンビニはダイエット向きごはんがたくさんあるからめちゃ便利。おつまみっぽいのも大好きだから助かった〜♡」

ちなみに…冷蔵庫の中身をCHECK！

「自炊すると食べすぎちゃうし、元々料理はしないほう…。この日は自宅の撮影で冷蔵庫の中も撮られるって聞いたから急遽いろいろ買い足した(笑)」

インスタライブ飲みもこれで♡

ダイエット中は基本ガマンだけど…

飲みたくなったら檸檬堂かハイボール！

「檸檬堂はただただ味が好きでストックしてる(笑)♡ ダイエット中にどうしても飲みたくなったら低糖質のハイボールを飲んでました！ 単純に好きっていうのもあるんだけどね(笑)」

ももち流♡ ヨーグルトレシピできました

「歯の矯正が痛くて痛くて、流動食しか食べられなかったときに出合ったレシピ！ プレーンのヨーグルトにハチミツやプロテインでほんのり甘くすれば、おやつとしても大満足♡」

他にも…ハチミツ+きなこ+すりつぶした黒ごまも美味ですよ♡

CHAPTER 3

SNS

ファッションライバー・YouTuberの裏側見せます㊞

もはや、ももちにとってSNSは生活の一部。「SNSをやめたいと思ったことなんて
一度もない！」と語るほどに、ファンとのコミュニケーションツールとして、
なくてはならない存在なのだとか。今回は、貴重なYouTubeの撮影舞台裏や、
SNSを中心としたももちのお仕事スケジュール、そして知られざるデビュー時のエピソードが
ゆうこすさんとの特別対談で暴かれます…！

#ももちです #ぴっぴぴぃす #インスタライブ #毎日22時 #ファッションライバー
#YouTube #ももちのクセが強すぎた #プチプラ動画 #着回し動画
#購入品紹介 #すっぴんメイク動画 #ゆうこすオーディション #ユーチューバー

How about momochi's SNS ?

ももちのSNS事情おさらい。

スタートして2年弱で登録者数30万人突破!!
ファッション系YouTuberとして役立つ情報を発信してます♡

YouTube

チャンネル名
ももちのクセが強すぎた。
登録者数
33.5万人

最近好評だった動画
「LOOK BOOK」

秋デート♥コーデ
|2020 AUTUMN LOOK BOOK

「韓国のSoshinTVさんというYouTuberの動画がかわいくてオマージュ。しゃべり無し、と新しい挑戦でしたが3週間で44万再生！」

ももちに聞きました！
思い出動画 Pick Up

Q 思い入れの強い動画は？
A 「花柄ワンピ着回し」めちゃ寒だったんだが…（泣）

【元アパレル店員】
春のGU着回しコーデ

「YouTubeを始めて1か月経った頃。極寒の2月、屋外で春物の花柄ワンピの着回しを撮影して翌日熱を出しました。あの寒さ、忘れられません！」

Q 大変だった…！ 動画は？
A ディズニーランド＆シーでの10分ロケ

【元アパレル店員】春のディズニーコーデ inランド♡

「ランドとシー、それぞれ滞在時間は約10分〜15分と短い中、猛烈な勢いで着替えてガンガン撮影。目が回るかと思いました…」

【元アパレル店員】春のディズニーコーデ inシー♡

「短い滞在時間の間に、ファンのコが何人も〝ももちですよね?〟と声をかけてくれて。認知されてきたんだ、とうれしかった記憶が」

Q ももち動画の入門編的に観てほしい動画は？
A 購入品動画！

【GUの新作が可愛すぎる…♡】
1万円分購入品！
売り切れる前に
買えて良かった…！

「プチプラアイテムの紹介動画は、毎回ファンのコにも喜んでもらえていることが多いので、ももち動画初心者にオススメです！」

Instagram

@momochi.661
フォロワー
15.6万人

生配信が盛り上がる前から毎日22時〜
インスタライブやってます♪

「毎日15分前後、インスタライブを実施。すっぴんからメイクしたり、お酒を飲んでゆるトークしたり、生着替えしたり、この本の企画会議もみんなとしたよ★」

＼素が見られるよ〜／

＼フィードも頻繁に更新中／

「フィードかストーリーのどっちかは1日に1回は更新。インスタライブはアーカイブも残しているのでチェックしてね！」

Twitter

@momochi661
フォロワー
3.5万人

「オタ活、たまに恋愛ネタ、こんなん買ったよー、とか青汁発売とかスタイルブックとか、みんなに言いたいお知らせを思いつくままに！」

大好きなハロプロのこととかゆるめに(笑)つぶやいてるよーん！

ももちのこと好きじゃない人は絶対に見ないで！
ちなみに、半年に1度くらい更新するブログも…！
momochi official blog/ momochi661.amebaownd.com

※登録者数＆フォロワー数は2020年11月現在のものです。

HOW TO MAKE YOUTUBE?

ももちのYouTube動画の裏側密着！

1 企画出し

1か月分のネタを考える

「少し先の未来をイメージしながら、毎月中旬くらいに翌月分の企画を（11月中旬頃に12月配信の企画を考えるよ）立ててます。同じジャンルのネタが続かないようスケジューリング」

▲ 今回は【ユニクロ新作♡ 夏の〝垢抜け〟着回しコーデ徹底解説！絶対買うべきな「シンプル高見え」アイテムをご紹介…！♥】に密着したよ！

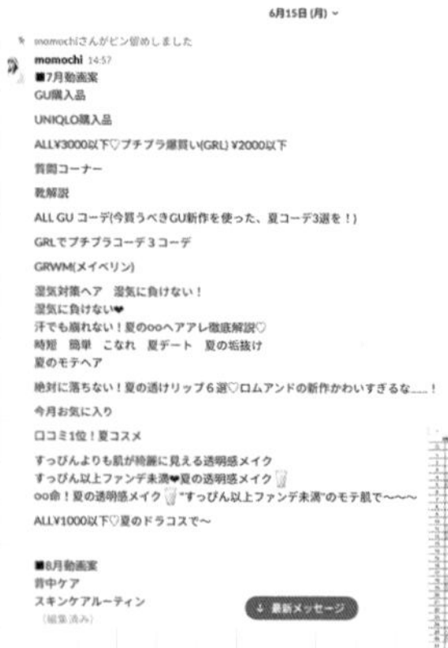
6月15日（月）
momochiさんがピン留めしました
momochi 14:57
■7月動画案
GU購入品
UNIQLO購入品
ALL¥3000以下♡プチプラ爆買い(GRL) ¥2000以下
質問コーナー
靴解説
ALL GU コーデ(今買うべきGU新作を使った、夏コーデ3選を！)
GRLでプチプラコーデ３コーデ
GRWM(メイベリン)
湿気対策ヘア　湿気に負けない！
湿気に負けない❤
汗でも崩れない！夏のooヘアアレ徹底解説♡
時短　簡単　こなれ　夏デート　夏の垢抜け
夏のモテヘア
絶対に落ちない！夏の透けリップ６選♡ロムアンドの新作かわいすぎるな……！
今月お気に入り
口コミ1位！夏コスメ
すっぴんよりも肌が綺麗に見える透明感メイク
すっぴん以上ファンデ未満❤夏の透明感メイク
oo命！夏の透明感メイク "すっぴん以上ファンデ未満"のモテ肌で〜〜〜
ALL¥1000以下♡夏のドラコスで〜
■8月動画案
背中ケア
スキンケアルーティン
（編集済み）
↓ 最新メッセージ

ももちの企画メモ入手

からの

企画をスケジューリング

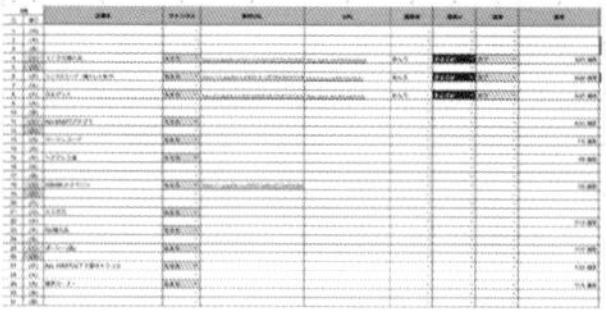

2 お買い物

お店に商品を買い出しに！

「配信スケジュールを立てたら、撮影日を決めて→撮影日1週間前くらいに紹介したい商品を探しに。みんなが動画を観て買えるように、商品はギリ直前に購入することが多いかな」

ももちの3つのこだわり

1

0.01秒でも無駄を省く

「YouTubeはまったりしてると飽きてスキップされてしまうので、テンポ感を重視して、目が離せなくなる早い展開を意識してます！」

2

テロップ&字幕を入れる

「移動中に音声なしで観ても理解しやすいよう、必ず字幕や解説のテロップを入れるように。文字のフォントや色味にもこだわりアリ」

3

タイトル&サムネ命！

「パッと見のおしゃれ感やかわいさにこだわり、サムネをデザインしています。写真は盛り、タイトルは雑誌の表紙をイメージして入れることも」

MOMOCHI'S MUST ITEMS

お仕事必須グッズ、見せて見せて！

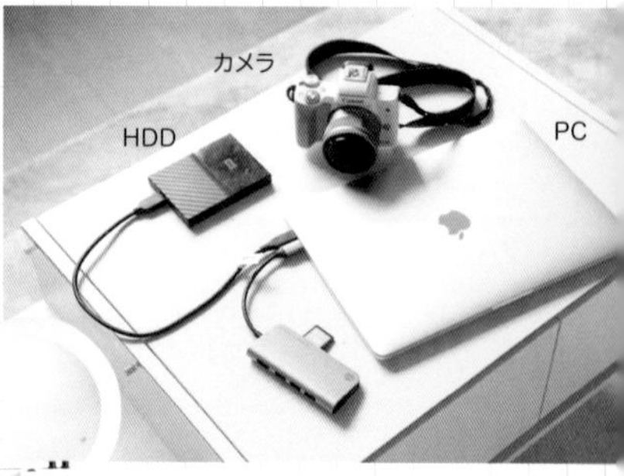

ももちの愛用品リスト

Camera ： Canon EOS Kiss M

Light ： Nanguang

PC ： MacBook Pro

HDD ： ウエスタンデジタル

「カメラは、ピントが合わせやすく高画質な写真や動画が撮れる（かつお手頃♥）なEOS Kiss Mが好きすぎる！ スマホも付けられるリングライトはAmazonで購入しました」

3 撮影 お昼前スタートで18時くらいまでかかることもざら！

11:00 am

☞ 自宅リビングでコーデを組みます

「購入品と、自分の家にある服を組み合わせてコーディネート。靴は候補を並べておき、服を着てから決めます。コーデが終わる頃は、部屋がぐっちゃぐちゃになってしまう…（笑）」

リビングに服を広げて

12:00 pm

☞ 撮影スタート

「洋服ラックを、いつも撮影で使っている壁の前に移動させて撮影スタート。コーデ動画はひとりで撮るのが難しいので、アングル指示してマネージャーさんに撮ってもらってます」

SHOOTING TECHNICS

この3パターンは欠かせない！

なめり撮り

下から上へ なめるように

「ずっと同じアングルだと単調になってしまうので、テンポよくするために色々な構図で撮影。〝なめり撮り〟は臨場感を出したいときに使う手法」

かわいい撮り

上から

「ちょっと上から撮ると、目が大きくあごがシュッとして見える鉄板の〝かわいい撮り〟は、全身コーデメインの動画の、アクセントとして挿入」

部分撮り

小物にフォーカス

実際の動画はこうなる

「合わせている小物だけに寄る〝部分撮り〟。ずっと顔が映っているのもまた単調なので、バッグやアクセ、靴などのパーツもクローズアップして、よく見えるようにしてます」

▶ちなみに足元にはシートを敷いて汚れ防止！

「靴は、撮影用に外を歩いていないキレイなものを使っていますが、部屋の中では抵抗があるので、IKEAで買った大理石調シートを敷いてカバー」

プチプラTで！

ちなみに今回はこの3コーデ作りました！

WHITE

「白T」は×ワンピレイヤード

BLACK

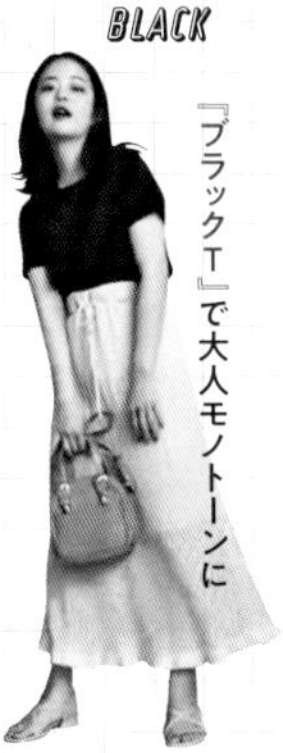
「ブラックT」で大人モノトーンに

PINK

「ピンクT」でカジュアルかわいく♪

「UNIQLOのTシャツって、サイズもカラーもデザインも豊富で本当に使える！ ちょっとずつ違うテイストのコーデを今回はご提案したいと思いまーす♪」

とある、多忙な1日を追った！

ももち24h

8:30 起床！

「朝はまあまあ早起き。以前は出発ギリギリに起きて…って感じだったけど、最近は余裕を持つように」

青汁・酵素・オートミールが定番

10:30 家を出る

「近場であればタクシー移動。タクシーの中で動画の編集チェックをしたり、お仕事をして時間を有効活用」

タクシーの中でちょっぴりお仕事

11:00 旅行会社さんと新プロジェクトの打ち合わせ@事務所

「事務所で新プロジェクトについての初回ミーティング。新しいお仕事のお話は、毎回ワクワクします！」

12:00 ランチ

お昼は炭水化物も

13:00 インフルエンサーのきりまるちゃんと、コラボYouTubeの撮影

「お互いのYouTubeに出演するという珍しい企画。はじめましてのきりまるちゃん、ああかわいかった…♥」

で、こうなった！

UNIQLO秋新作で、低身長モテコーデ組んでみた…！❤【きりまるコラボ】
ももちのクセが強すぎた。

撮影の続き 3

☞ **カメラに走って近づいて暗転！**

「1コーデ目の撮影が終了したら、次に紹介する2つ目のワンピースコーデを手に持って、そのままカメラレンズに近づいていくと…服で暗転が作れます」

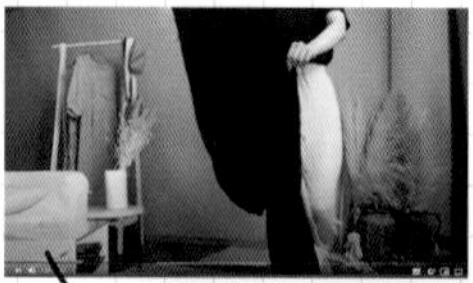

実際の動画では こうなる！

「ん、なんかももちが近づいてくるぞ…！って思ったら、暗転の合図。こうすることで、少しずつ画面が暗くなり次のコーデ動画との編集がしやすいのです！」

次のシーンにスムーズに移動

15:00 pm

☞ **着替え＆ヘアメイクCHANGEして終了**

「2コーデ目に着替えたら、コーデに合わせて髪型とリップの色を調整。特にヘアは全体のテイストを決める重要な役割なので、全身鏡でもチェックしてバランスを入念に見ます」

メイクも服に合わせて変えています

4 ナレーション録音は 自分で原稿を書くところから！

☞ **ナレーション内容を下書きします**

「PCの画面の左側に先ほど着たコーデの写真、右側にドキュメントを開いて、ナレーション内容を検討。オススメポイントは熱く語りたいので、気づいたら1時間以上経っていることも…」

☞ **iPhoneのボイスメモでナレ録り**

「ナレーションが完成したら、読み上げてiPhoneのボイスメモに録音。読み上げるだけで30分経過。意外と時間がかかるのです」

16:30 pm

編集はプロの方と 二人三脚で仕上げてる！ 5

18:00 pm

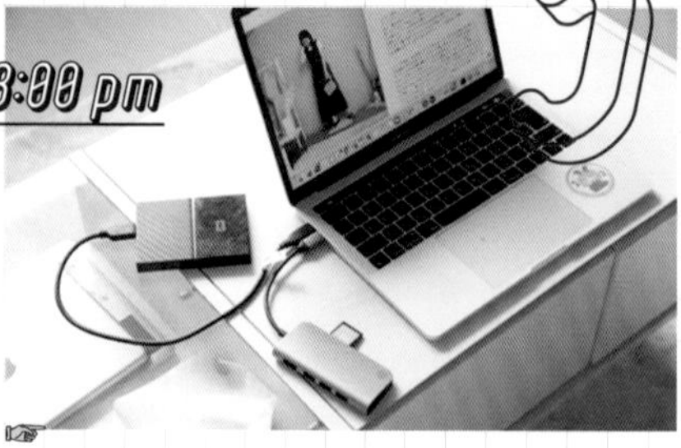

☞ **全データを送付して完了！**

「動画の冒頭と、締めの映像（おまけももちなど）を撮影したら、全体の構成案と一緒にプロの動画編集者さんに送ります。何度かやりとりを経て編集していきます」

自分で編集するときは

Final Cut Pro

「ゆうこすさんが使っているところを見て、あとは独学で。本格的なソフトだけどデザイン入れなども簡単です」

16:00
撮影終了、帰宅

17:30
夜のインスタライブ用にコスメの買い出し

「コスメ探しに夢中になりすぎて、あっというまに30～40分経っていることも。でも楽しい時間」

19:00
ディナー

「オムライスに野菜のつけ合わせ。今日は忙しかったので、洗い物が楽チンなワンプレートごはんに」

22:00
インスタライブ、スタート！

「何を配信しよう…と考え始めるとアレコレやりたいことが出てきて、ネタに困ることはありません！」

22:30
インスタライブ終了後、エゴサタイム

「コメントを返したり、エゴサしたり、ファンのみんなとのふれあいタイムは続きます…！」

23:30
お風呂に入る↓スキンケアタイム

「お風呂はゆっくり派。ボディスクラブをしたり、お風呂の椅子に座って腹筋したり、美容タイムです」

25:00
明日のお仕事の確認。YouTubeを観たり、自分の時間を過ごす

「ハマっているオーディション番組『I-LAND』など観だしたらうっかり4時、なんて日も(汗)」

26:00
おやすみなさい zzz…

☞

リングライトをバチッと当てる！

「Canon EOS Kiss Mのセルフタイマーを使って撮影。上からライトを当てると瞳にアイキャッチが入って、目がウルウルに。カメラの高さもポイント」

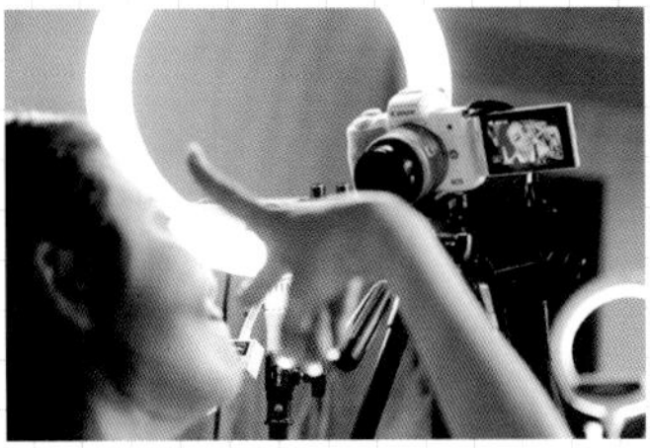

かわいく撮るゾ♡

6 サムネイル作りにかなりこだわりアリ！

WHAT'S THUMBNAIL?

動画を検索すると表示される静止画のこと。写真とデザインで「再生したい！」となるために工夫が必要。

パッと見でブランド名をわかりやすく

コーデがたくさん♪をアピるためコラージュで

☞

カメラアングルは思っている以上に「高め」

NG カメラが目線と同じ

OK 目線より40cm程上から

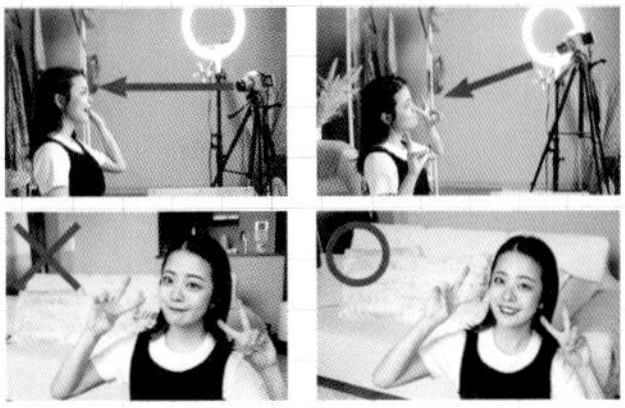

7 後日…動画をアップロードして完了

ALL By iPhone

＼ まだ語り足りないのでイイですか？ ／

ももち流「iPhoneでおしゃれなサムネの作り方」

かわいいデザインの味方！なアプリ

背景透過 **PicsArt**

「リボンなど飾りに使えるフリー素材をDLしておいて、このアプリで切り抜き→〝Phonto〟に読み込んでサムネを盛り！」

「ラメやスタンプなど、無料で使える素材が充実していて楽しい。コラージュ機能も使えます」

サムネは毎回 10パターン くらい考えます

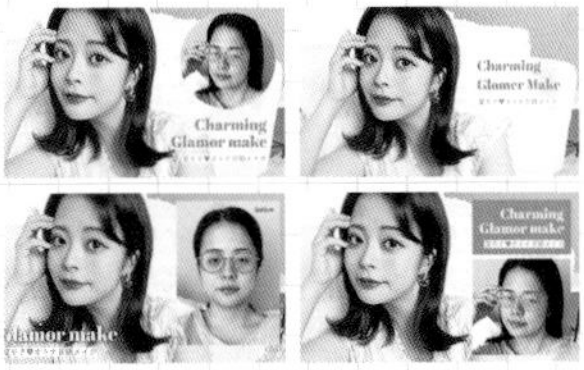

すっぴんが小さすぎて **没**

何やってるかわかんない **没**

メイクの変化がわかりやすい **採用！**

ごちゃごちゃしすぎて **没**

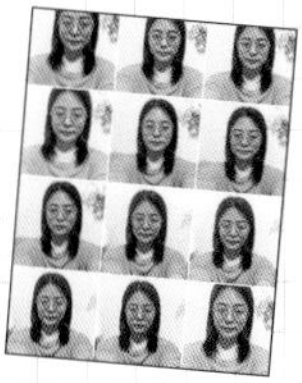

「わざとブスに撮りました？」なワケないやろ！

完成したサムネはこれ！

色味は大事だから VSCO で写真加工

暗くてイケてない

今っぽいトーンに

「〝VSCO〟のフィルターで温かみ＆HAPPY感のある色味に。オススメのフィルターナンバーはAL3・AL2・E7・G6」

カラコル で タイトルの色味をコントロール

カラーコード

タップした部分の色が表示される

「服や背景と、文字の色のトーンを合わせたいときに使用。色を知りたい場所をタップするとカラーコードが表示されます」

Phonto で レイアウトを作る

「コラージュや文字入れなど、ほぼこのアプリひとつでできちゃいます。写真に枠を付けたり、今っぽいフォントがたくさんあるので好き」

迷っている素材は上下のスペースに仮置き

事務所社長であり、SNSのお師匠。
ゆうこすさんとの対談が実現！

ゆうこす×ももち

インフルエンサーのはしりである、ゆうこすさん主催のオーディションに応募したことがももちのSNS人生の本格的な幕開けに。ゆうこすさんだからこそ知る、ももちのクレイジーっぷりが明らかに…！

オーディション応募写真

アパレル店員っぽさを出すために、コーデがわかる写真をチョイス。インスタ女子っぽく、トリミングはスクエアに。

スタッフ　（ももちが書いた応募メール※P79左側参照　を見せて）覚えてる？

ももち　そんなの残ってるんですか！ わ、こんなに長かった、でしたっけ…？

ゆうこす　長かった長かったー（笑）。

ももち　いや、なんでこんなに長々と書いたかというと…、ゆうこすさんがオーディションについての詳細の生配信をしてたとき「やりたいことの幅がいっぱいあるほうがつぶしが利くから、いっぱいあればあるほどいい」って言っているのを聞いて。とりあえず、やりたいことや想いをいっぱい書いておこうと思って書いたんです。一応、そういう戦略でした！（笑）

ゆうこす　そうそう、やりたいこと・やれることが多いと、つぶしが利くというのもあるし、何よりかけ算ができるんだよね。

ももち　かけ算という発想は私にはなかったのですが「何を書こう、どうしよう」ってなってたときに、当時の彼氏が「〝歌がうまい〟〝ちょっと顔がいい〟〝ファッションに強い〟を全部組み合わせれば、ただ〝歌がうまい〟だけの人よりも、自分だけの強みになるよ」と教えてくれたんです。

ゆうこす　このオーディション、応募メールが4000通くらいきていたんです。もう、スタッフ全員ふらっふらになりながら1通1通チェックしていたんですけど、その中でも、ももちのメールは異彩を放ってたかな。しかも、1通送った後に「再送です」みたいな感じでもう1通送ってきてくれたよね？ メール見た瞬間に狂ってるなぁ、変だなぁみたいな。もちろんいい意味でね。私も以前は芸能活動をやっていて実感として、顔がかわいい人が無限にいる世界の中で、グッと頭ひとつ抜けて勝ち上がっていくためには、何があってもやり続けられるガッツというか、クレイジーさが絶対に必要で。狂気を感じるくらい、この人変じゃないか？ レベルの人じゃないと、少し嫌なことがあってじゃあ辞めますとなってそこで終わってしまうので。成功できる人というのは、ひとつのことをずっとやり続けられる人なので。

狂ってるなあって…（ゆうこす）

ももち　しかし、4000通の中でも覚えてるくらいの変さって…（笑）。

ゆうこす　いやいや、自分のことをこれだけたっぷりのボリュームで語れることは、SNSで発信していく上では大事なことで純粋にすごい能力だなと思った。ただ、事務所は少しザワついたけどね（笑）。

ももち　一次審査に行ったときに事務所の人に「来た！ すげー文章長いやつだ！」って、開口一番に言われた覚えがあります。「来た！」って（笑）。

ゆうこす　初めてももちに会ったときの印象は、ただかわいいだけじゃなくてキャッチーでポップだと思ったんですね。ピンク色の髪を高い位置でお団子結びにして、チークをドデンッみたいな。絶妙にアンバランスなのが、いいバランスになっているなーって。どれだけの美人だとしても忘れられちゃったら意味がないので、ビジュアルの覚えやすさがとてもいいなと思いました。会った瞬間「私、バッドばつ丸くんに似てるんです」とか言い出してたよね。

ももち　すっぴんがめっちゃばつ丸くんに似てるんですよー。

ゆうこす　あと、びっくりしたときに高い声で「えぇ!?」ってなる感じとか、喜怒哀楽を表情と声でしっかり表す感じが、これからの時代、動画や生配信にすごく合うなと思いました。当日、自分のことをまとめた詳細な資料を配ってくれたよね？

ももち　大阪府から参りました牛江桃子と申します、資料をご用意しましたのでお配り致します、って。就活か（笑）。

ゆうこす　印象的でしたよ。そのとき自己アピールだけじゃなくて、自分に足りてないところや自分が会社に入ることでこういうメリットがありますよっていう、本当に若干就活のようだけど、自分のことをちゃんと分析できているところが素晴らしいなと思いました。ところで、なんで、ももちはうちを受けようと思ったんだっけ？

たい人募集中… これワシやん!?（ももち）

ももち　当時まぁ色々あって、結果的にSNSで頑張りたいなとなったときに「SNSといえばゆうこすさん」というイメージをめっちゃ持っていて。ゆうこすさんがSNS界隈に現れるまで、SNSというものにガツンとフォーカスした人って誰もいなかったので。元々HKTの頃からずっとゆうこすさんのファンで、アイドル辞めた後のゆうこすさんのSNSもずっと見ていたから興味もあって、ところで事務所どうだろうって調べていたら、ゆうこすさんが「SNSで頑張りたい人を募集します」っておっしゃっており、ワシやん！ となりました。今までこういうオーディションが地味になかったから、求めていたのはコレだ！と。ゆうこすさんに初めて会ったときは「えっ、顔ちっちゃ！」って衝撃を受けて。

人となりを知っていくうちに、なんか面白い人だ…（笑）に今は変わってます。
ゆうこす　（笑）。私のももちの第一印象はキャッチーでポップだったんですけど、一緒にやっていくうちにもうももちって、ザ・インフルエンサーだなって。起きた物事すべて、生活でこれがムカついたとか悲しかったとかうれしかった、ということをちゃんと自分の中で噛み砕いて消化して、コンテンツとしてアウトプットできているところがすごくインフルエンサー気質。
ももち　無意識にやってることなので、自分ではわからないんですよね。
ゆうこす　SNS上でうまく感情を出せないこととかあるわけですよ。でもももちは、今日一日の、うれしかったこと、悲しかったことを生配信なり写真なり動画内でちゃんと発信している。それによって、ファンはももちとの距離を近く感じられて、ますますファンになるわけじゃないですか。その出し方がすごく上手です。ももちのフィルターを一旦通して、ポップにももちらしく発信しているところもすごいと思う。
ももち　やった――（笑）。
ゆうこす　あとはやっぱりファンにいちばんに知ってもらいたいことを、ずっとやり続けるところがクレイジーじみてるんですよ。いい意味なんですよ、これも。
ももち　事務所に入った直後に、インスタが伸び悩んだことがあって。元々アパレル

見た瞬間、

SNSで頑張り

店員だったから着ている服を見たくてフォローしていたのに、インフルエンサーになるんだ…ってネガティブに捉えるコもいて、いいねも減り、フォロワーも2000〜3000人くらい減って。事務所入って1か月で2000〜3000人減ってしまったので、これはヤバいっすって焦って。
ゆうこす　そのときに話し合って、生配信をやることが決まったよね。最初なのでま、とりあえず1か月間毎日配信してみようかと。…って自分で提案しておきながらも「毎日って無謀かな…」と、半分思ってもいたんですよ。私自身が何かを始めるときがそうなんですけど、作戦を練りまくるというよりかは、どうなるかわかんないけどまず始めてみるかっていう軽い感じで。ところがももちは負けず嫌いがすぎるのか、ガッツがありすぎるのか、始めた日から今の今までほとんど毎日やっていて。これやろう！と決めたことを、ももちは自分で考えて100倍にして返してくれるんです。それはきっとファンのことをよく見て知っているからこそ、私はこうしたほうがいいということを都度都度、選択できる。見てなかったら何かあるたび「私はどうしたらいいですか？」って全部事務所任せになっちゃうので。本当によくファンのことを見て、発信しているなあと感心します。
ももち　…恐縮です。
ゆうこす　生配信が今の時代に合ってきた

すべてはココから！
ももちの応募メール✉初公開！
※ほぼ原文ママ

ホームページより応募がありました。

2018 / 1 / 24 22:58

【 KOSタレント応募写真 】

MO　Momoko Ushie

【 名前 】 牛江桃子
【 年齢 】 21
【 お住まい 】 大阪府
【 面接希望日 】 2/4
【 やりたいこと 】

再送です。もう一度読んで頂けたら嬉しいです。長くなりますが、私の人生を賭けた気持ちを書きました。死ぬ気でやりたいことを書きました。読んで下さい。

そして私の気持ちも伝えさせて下さい。

私は、Kastaneというブランドで働いている21歳です。以前、憧れの芸能界の夢を叶える為に地下アイドルとして活動していましたが、運営事務所に騙され、恥ずかしながら精神的な病気になってしまい脱退する事になりました。ニートになりどう生きて行っていいか分からなくなった時、元々自分を表現するのが好きで、自分が思うファッションの〝カワイイ〟を発信したくて、アパレルをはじめ、お店のスタッフとしてSNSを始めました。半年でフォロワー数は14000人まで増え、人生はそこから一気に変わりました。私のインスタグラムをきっかけに〝私に憧れて私みたいになる為にアパレルを目指します〟と言って下さったり、私がインスタに載せた服と同じ服が欲しいと購入しに来て下さる方がいたり、「私が選んだ服をデートに着ていきたい」とわざわざ北海道から会いにきて下さる方や、私のヘアアレンジやお化粧を真似してインスタにあげて下さったり、私のインスタの投稿で学校のテストを頑張れると言ってくれたり、、、自分の小さな発信が人の人生に大きく影響していて、少しでもプラスになっている事が凄く嬉しくて、そこから私はSNSが生き甲斐になりました。人生の生きる道を失い、ドン底まで落ちたボロボロの私を救ってくれたのは、紛れもなくSNSでした。アイドルを辞め世間から馬鹿にされ続けていたけど、SNSでフォロワーが増えたらそんな馬鹿にしていた人達を見返すことが出来ました。その時、私がもう一度人生をのし上がれるのはSNSしかない、そう強く思いました。ですが、今はただのショップ店員としての発信のみで幅が狭く、もっともっと自分の個性を表現し大切にし、個人の活動の幅を広げて色んな事を発信し、もっと大きな目標や夢を絶対に叶えたいと強く思い、今回応募しました。歌を歌ったり、自分の個性や、自分が思うファッションを発信したり、、、もっと自分を表現したいのに、歌や自分のファッションやヲタク、何一つ自分を発信出来ない、、、。私はもっと「自分」を表現出来る場所で、色んな事を発信したいです。
私の〝可愛い〟と思うファッションや、自分の歌声をもっと色んな人に聞いて欲しいし、共有したいし、もっともっと自分のことを知って貰いたいです。今のまま自分の好きな事を発信出来ない小さな世界で生きたくないです。もっと色んな世界で仕事を見て、自分で自分の人生を切り開いていきたいです。周りにどんな事言われてもいい、21歳で東京に上京して、周りにバカにされてもいい。このまま自分が1番やりたい事をやらずに死にたくない。死ぬまでに、今しかない。今しかないんです。私は19歳の頃に親と「22歳までに夢が叶わなかったら諦めます。自力で頑張るので見守ってて下さい。」と約束をしました。私は今年の春で22歳になります。人生のチャンスがあと3ヶ月になりました。22歳までにいつでも東京にすぐにでも上京出来るように、100万円を貯めました。私の中のこの100万円は本当に大きな100万円です。必死に貯めてきた100万円です。家賃3万円の貧乏生活で貯めた100万円です。全ては22歳までの夢のためです。この貯めてきたお金を全て使って、人生を賭ける気持ちです。今回本当に本当に、人生のラストチャンスだと思っています。仕事を辞めて、東京に行く覚悟は出来ています。写真の私じゃなく、一度直接会って、本当の私を見て下さい。ファッションと音楽でSNSを盛り上げていきたいです。人生を賭けて、死ぬ気で、活動したいです。やりたい事、叶える最後のチャンスです。宜しくお願い致します。
以上が私の気持ちです。大変長くなりましたが、睡眠時間を削ってまでここまで読んで下さって本当にありがとうございます。ゆうこすに気持ちが届いている事を願っています。

【 牛江桃子のやりたい事 】

私はInstagramやSNSが大好きで、生き甲斐です。元々もっと自分を表現したくてInstagramを始めたのですが、今は幅が狭く、自分の1番届けたい伝えたい歌や独自のファッション、趣味のアイドルヲタクや自分が思う1番のカワイイ発信、何一つ自分の個性を発信出来ないのが毎日苦痛で悔しくて、、、。私はもっと「自分」を大切にして、表現したいです。自分という商品をもっと世の中に知って欲しい。今のまま個性を出せずもがき苦しむのは嫌です。
今後は自分の思う一番の〝カワイイ〟をセレクトして、自ブランドを立ち上げ、買い付けをして自分の〝カワイイ〟と感じるアイテムを共有し、ECサイトで販売したいです。そして、お洋服をプロデュースしたいです。色んな場面に合わせた、ベーシックだけどこなれ感のある、周りとグッと差が付き、思わず目を引くようなお洋服をプロデュースしたいです。他にない形のスカートやドキッとするカラー展開のトップス、着てるだけで思わずワクワクするようなアウター。そんな可愛いが詰まってるお洋服を創りたいです。そして皆の〝カワイイ〟を気軽に発信、共有できる新しいインスタグラムのようなファッション性＋音楽を共有、発信出来る新感覚ファッションアプリの作成や、ECサイトの運営もしてみたいです。難しい事だとは分かっていますが、絶対に世界がワクワクする、楽しい、クリエイターになりたいので、夢は大きく持っています。ワクワクするイベントや、ドキドキするファッション。私が創り出したいです。創り出します。

ももちは真のインフルエンサー（ゆうこす）

のもよかったです。ちょうどももちがファッションライバーですってことを言い始めて半年くらい経ち、だんだん「ももちって生配信のコだよね」という印象がつき始めたくらいのときに、コロナの影響もあってSNSで生配信の波がガッときたよね。いろんな会社から「生配信したいです」ってオファーもいただけるようになり。

ももち　誰も生配信をやってないときからやっていたからこそだと思えました。始めた当時は結果を残さなきゃと必死だったんですけど、元々私はしゃべるのが好きで、生配信はただやってて楽しかったから続けていたという感じで。ただゆうこすさんとの作戦会議で、「生配信は絶対これからもっとくるし、みんながやってないときから始めた人が勝つから、今は反応ないと思うけど頑張ったほうがいいんじゃない？」って言われて。始めた当時は本当にマジで誰もしてなくて、マジで毎日インスタライブしてるインスタグラマーひとりもいなくて。

ゆうこす　毎日は今もおらんそうだよね。

ももち　そうですね。インスタライブ始めた2年程前は「お金も入らないのに毎日インスタライブしてなんの意味があるんだ？意味わからん」と周りからも思われていたと思います。でも私は継続は力なりだと信じていたので。継続をすれば何かしらの結果は出ると思って、自分を信じてひたすらやってた。生配信がいずれはくるとは思ってたけど、こんなに早いタイミングでくるなんて思ってませんでした。

ゆうこす　生配信がももちの武器になっているよね。最初に自分のことを「私はこういう人です」としっかりわかりやすく発信して徐々に仕事をいただけるようになってくると、次は自分で仕事を生み出せる段階がやってくると思うんですよ。例えばブランドを作る、とかね。今後はそういう生み出す仕事も楽しんで、とにかくなんでも楽しんでやってもらえたらなと思ってる！

ももち　はい、ブランドやりたいですね。

ゆうこす　ファンのみなさんご存じかもしれないですが、ももちは想像以上にインフルエンサー、ライバーというところにかける熱量や責任感を持っていると思います。会社の定期面談で1回覚えてるのが、渋谷のカフェでイベント出演の前後にももちの面談があって、「YouTubeが伸びません、どうしましょう」って必死に訴えてきたことあったよね？

ももち　覚えてない…。

ゆうこす　覚えてないんかい（笑）。

ももち　けっこう、ゆうこすさんに色々話してるからあんまり覚えてないんですけど、きっと必死だったんでしょうね。いや、もうずっと必死でしたから。

ゆうこす　そう、必死だったよね。

ももち　たしかに、けっこうゆうこすさんの前で泣いたりしてますよね。なんかもう、自分の道がわかんなくなっちゃって。当時は不安で不安で…。そうだ、一度、ゆうこすさんが私に「大丈夫？」って、心配して電話をかけてくださったことがありましたよね。珍しいので覚えてます。

ゆうこす　え、した!?

ももち　今度はゆうこすさんが覚えてないんかい（笑）。私が更新したストーリーズに病んでるオーラが出ていたのか、いつもならゆうこすさんって電話なんていっさいないんですけど「ももち大丈夫？」って電話がきて、「え!?　レア！　逆に元気出る！」ってなりました。びっくりしたし、めっちゃうれしかったです。

ゆうこす　私、様子変じゃなかった？

ももち　ちょっと変でした。

ゆうこす　普段そういうの言わないから。なんて言っていいのかわからなくて、ぎこちなくなってた気がする。

ももち　なんか変だったけど、めっちゃうれしかったです。たしかYouTubeのコメントで悩んでいて。そのときにゆうこすさんに「そこまで考えなくていいよ、そこまでして伸ばそうと思わなくていいよ」と言ってもらって心が軽くなったし、気持ちをわかってもらえてうれしかったです。

ゆうこす　すみません、忘れていて…。

ももち　基本はゆうこすさんに「しんどいです、つらいです」ってことは言わないです。

ゆうこす
「モテクリエイター」としてSNSでファッションや美容など様々なジャンルのモテネタを発信する傍ら、インフルエンサーやライバーを抱える事務所「KOS」を設立。カラコンやルームウエアなど商品のプロデュースも多数手がける。

継続は力なりを信じてた（ももち）

だって、上司にただ「しんどいです」って言うのはダメだと思っていて。「この仕事を改善するためにここが欠点だから、どうしたら伸びるかを教えていただきたい」と伝えるのはアリかなと思ってるんです。だから、伸びないことがめっちゃつらくてもう死にたいってなるけど、ゆうこすさんに相談するときは「私はこうしたいと思っているのに伸び悩んでいるので、この方向に向かっていけるようアドバイスをもらえませんか？」って聞いてみて、教えていただいたことを吸収して、自分で考えて解決していく感じですね。師匠みたいな。

ゆうこす　でも言ってくれていいんだよ。私、メンタル回復のプロやで〜。

ももち　そうなんですか？　でもゆうこすさんがメンタル弱いからなあ…（笑）。

ゆうこす　最近安定しとるやん（笑）。

ももち　ゆうこすさんがそんなに強くないのも知っていて、メンタルだったら私のほうが逆に強いんじゃないかって（笑）。

ゆうこす　ももちと一緒にお仕事始めたときが、私もまだ23歳とかだったんですよ。起業してまだ1年程だったので、未熟すぎてマジでずっとパニック状態だったんですけど、最近は落ち着いてきたよね。

ももち　私が事務所に入った頃は、ゆうこすさんもやっとこれから事業を色々始めるぞ！っていうときだったからか、もう目とかちょっとイッてましたよね（笑）。当時のゆうこすさんの忙しさが本当にヤバくて、会っても「おはよ〜、あ、ももち頑張ってるんだ〜頑張ってね〜」って話していたかと思ったら、ふらっとタクシーに乗ってすぐ打ち合わせ行っちゃう感じだったから。

ゆうこす　やばいね（笑）。

ももち　でも私はこの数年間、師匠についてた、みたいな感覚なんですよね。師匠を見て盗もう、見て学ぼうみたいな感じで。とにかく、ゆうこすさんが持っている力やノウハウを全力で学ぼうとしていました。だから、ゆうこすさんは単に上司というより、私にとっては師匠ですね。

スタッフ　ゆうこすさんから見たももちをひと言で表すと？

ゆうこす　真のインフルエンサーだなと思います。これは本当に。まだ「インフルエンサー」って言葉が生まれて間もなくて、特にインフルエンサーの定義も資格も別にないじゃないですか。誰かの心を動かして誰かを行動させられたらたしかにインフルエンサーだよね、くらいで。ただ、自分の活動だけだと見えなかった部分が、ももちを通すことで「あっそうか、インフルエンサーってこうあるべきだよね」という、意義や課題が見えてくるのはありがたい。

ももち　なんか、ありがとうございます！

ゆうこす　そして、ももちは社会人経験があるのもめっちゃ強いと思うんですよ。ある程度、社会の仕組みを体感していることは大きいです。起業家として私は、フォロワー・インフルエンサー・企業がウィンウィンにならないと仕事って言いたくないという責任感もあって。インフルエンサーになりたい人や、やりたいことがあってSNSを活用していきたい人は、普通にももちをお手本として見るべきだと思います。

ももち　いえ〜い♥

ゆうこす　最近、講演会でも「ももちのYouTubeを観れば、インフルエンサーのことがわかります。以上」で、私が話さなくてもいいのではと思うほど（笑）。

ももち　いいことたくさん言っていただけて、今日は気分がいいです（笑）。

突っ走った3年間…

This is

ももちの東京の原点巡礼

オーディションに合格後、2018年・22歳の夏に上京。
当時のインスタフォロワー数は1万人程。
どうにかしてフォロワー数を増やそうと
まずは「映え」な写真を撮ることから始めました。
スーツケースにたくさんの洋服を詰め込んで
よさそうなカフェがあれば入ってドリンクを注文して、
事務所のスタッフに写真を撮ってもらう。
1日何軒もただひたすら「映え」な写真を撮るために
カフェを巡る。かわいい壁を探す。
着替えは公園のトイレで。
終盤にもなると、ドリンクでお腹はタプタプ。
あるときは、自然光がキレイに当たる席が
空くまで、近くの席でずっと待機することもあったなあ…。
とにかく必死だった
あの日々があって、今の私がいます。

2018

@代官山

➡当時偶然見つけたかわいい赤い花は2020年も咲いていました！「お洋服も髪の毛もやっぱりPINKが好き」と当時の投稿に書いている好みは、今も変わらずラブ♥

2020

@代官山

2018

@渋谷

➡2018年11月1日の投稿より。「最近毎日投稿頑張っておるの！どうかね？」と、韓国で買ったレオパードスカーフを巻いたコーデを連日投稿！

2020

@渋谷

2019

@渋谷

⬅ニュアンス白壁×ベージュワントーンコーデがお気に入りだった2019年頃。コメントも100件超えが多く、世間の注目度も徐々に上がってきた！

2020

@渋谷

ニット／SALON adam et ropé、スカート／3rd Spring、イヤリング／mauve BY STELLAR、バッグ／beautiful people、靴／CONVERSE

ももちが足で探した！

自然光がキレイに入る「映えカフェ」3選

ガレットリア

「映えで有名な神泉のガレット店。蔦におおわれた外観もインパクト大。ナチュラル系のインテリアもほっこりかわゆ♡」

チェルシーカフェ

「事務所に近い渋谷マークシティにあるので、よく通ってました。テラス席がお気に入り。ごはんもボリューミー」

アンドピープル

「渋谷・神南にあるカフェ。内装はシックなんだけど大きな窓があり天井も高いので、陰影がすごくキレイに出ます」

CHAPTER 4

PRIVATE LIFE

知られざる!?　プライベート編

インフルエンサーという職業柄「オンとオフが完全に分かれている、というわけでもないんです」というももちの生活。できるだけファンとコミュニケーションを取りたいから、プライベートでもいつもスマホは手の届く場所に。それでも、お気に入りのインテリアに囲まれたお部屋で、大好きなアイドルのDVDや韓国ドラマを観る時間は何よりのリフレッシュだそう。この本のラストのチャプターは、ももちの元気の素となる、愛してやまない人・モノ・コトをたっぷりお届けしていきます♥

#ももち部屋 #roomtour #Q&A100 #オタ活 #interior #韓ドラ #プライベート #privatelife #messagetomomochi #あとがき #ペーパーももち #idol #人生語るよ

ももちのおうちにようこそ〜♪

YouTubeでおなじみ！

ももちのおうちHISTORY

- age 18 実家を出て大阪へ。家賃3万円の部屋でひとり暮らし
- age 22 上京。都内の約25㎡のワンルームマンション住む
- age 24 より快適ライフが送れる今のお部屋にお引っ越し

現在の間取り♥

「2軒内見して、窓が大きく自然光が入るこのお部屋に決めました。YouTubeやインスタ撮影は家ですることが多いので、自然光がキレイに入るっていうのが家探しの絶対条件！」

ラックや鏡も インテリアの いいスパイス役に

「このラックの何がいいって、軽くて動かしやすいのがイイ！ インスタライブやYouTube撮影に何度も登場するお気に入り。全身鏡の前には、ガラスケースにアクセをたっぷり収納して置いています」

YouTubeで
おなじみの
洋服ラック

大理石風の模様と細い スチール脚が海外っぽい雰囲気

「黒い天板をくるくると動かすことができるサイドテーブルには、洋書をディスプレイして癒やしの空間に。忙しくてもなるべくキレイをキープ」

ホワイト×
クリアで清潔感
ある印象に

カラコン、メガネ、96本のリップ… 収納力が自慢のローテーブル

「収納がまったくなかった、前のおうち時代から引き続き愛用しているLOWYAのテーブル。右の引き出しは高さがあるのでボトルも入れられるし、角度を変えられる鏡も内蔵されていて、もう、全人類にオススメの品」

LIVING

インテリア通販ショップ「LOWYA」に
全面コーディネートしてもらったリビングは、
撮影や編集をしたり、ドラマを観てくつろいだり…
家の中でいちばん長くいる場所。

楽天でポチった PCテーブルが 優秀すぎる！

「高さを変えられるし、オールホワイトでおしゃれなのも◎。ソファにゆるっと座りながら、お仕事がはかどります！」

白いソファは
お部屋が広く
見えるよ♪

あまりキレイで
なくてスマン！

○○の中、見せて～！

1 「スキンケア類ぎっしり。キュレルの化粧水は肌あれ時のレスキューとして常備しています。ファンのコからもらったタングルティーザーのヘアブラシは名入りでお気に入りです♥」

2 「ニベアの高保湿ボディウォッシュが超しっとりで冬にオススメ。シャンプー➡トリートメント➡顔パック➡筋トレ➡体を洗う、がルーティン」

3 「よく履く靴は上段に収納。サマリーポケットに預けているので、けっこうスッキリしているかも。これは夏バージョンで、寒くなるとブーツやローファーを取り寄せます」

3

シューズクローゼットの中

2

お風呂の中

1

洗面鏡裏の棚の中

BED ROOM

ホワイト&オフホワイトを
貴重に、海外っぽいテンションで
たくさんのクッションが
置かれた女子の憧れ的ベッド。
見るたび幸せな気分に♥

撮影スタジオじゃなくて、こんなふうにお部屋で撮ってる!

「このアングル、インスタで見たって方もいらっしゃいますかね…? 実はももちがベッドの端に立って、ベランダからお部屋側をマネージャーさんに撮ってもらってます」

元アパレル店員なので、畳みは得意です♪

「コンパクトに畳み、なんとなく色別に分類。自分が何色を持っているか一目瞭然なので、無駄買いを減らすこともできますよ」

好きなもので埋め尽くすベッドサイド

「フットネイルはセルフで塗っているので、お気に入りのネイルカラーをインテリアとして。睡眠の質を上げるホットアイマスクは大量に常備!」

クローゼットの
中はわりと
フリースタイル

長いものはハンガーに掛け バッグや小物は下段に

「正面にはよく着る服を、右側奥のバーには、そんなに出番のない服を掛けてます。つい集めてしまう帽子は引き出しに入りきらず、お部屋のラック横の突っ張り棒に掛けて見せる収納に」

CLOSET

職業柄どんどん増えていく
洋服は、サマリーポケットに
預けるのがももち流。
家の中に残すのは、
スタメン服だけなのでクローゼットも
意外とミニマム!

インスタライブでももちへの質問を募集しました！

101問101答

from Momochi geinin to MOMOCHI!

001 趣味は？

韓国ドラマ
ハロDVD鑑賞

002 好きな季節は？

春
(秋も)

003 いちばん好きな色は？

ピンク 白 黒

004 好きな日本のドラマは？

愛していると言ってくれ
世界の中心で、愛をさけぶのドラマ!! (絶対にドラマ!!!)
101回目のプロポーズ
ロンバケ

005 好きな韓国ドラマは？

恋のゴールドメダル
サムマイウェイ

006 好きな曲は？

朝
Any song ／ZICO
夏夜のマジック ／indigo la End
Pretty U ／SEVENTEEN

テンション上げたいとき
微炭酸 ／Juice=Juice
今夜だけ浮かれたかった ／つばきファクトリー
Uraha=Lover ／アンジュルム
Give me 愛 ／モーニング娘。
愛して愛して後一分 ／モーニング娘。

寝る前
It's You ／Sam Kim

007 会ってみたい人は？

ソヌちゃん
ハロメンのみなさま

008 宝くじが当たったら何に使う？

親にあげる
(親が欲しいもの全部買う)

009 ドラえもんのひみつ道具で、ひとつだけ選ぶなら何？

タイムふろしき

010 1日だけ入れ替わるとするなら、誰がいい？

平野紫耀君

011 香水つける？ 何つけてる？

CHANELの
CHANCE

012 好きな食べ物は？

もつ、馬刺し、ギョウザ
やき鳥、明太子、キムチ

013 苦手な食べ物は？

ひとつもなし!!
すごくない？
ほんまに1つもないの！

014 旅行したい場所は？

韓国

015 旅行の計画、立てる派？ 立てない派？

絶対立てない！
友達に丸投げする(笑)

016 明日が地球最後の日だったら、今日何をする？

家族に会いに行く

017 ログセは？

あーね
お気持ち程度〜
知らんけど。(笑)

018 動物になるなら何になりたい？

犬
(トイプー×マルチーズ)

019 お酒飲んで失敗したことある？

道路で寝てた。(笑)

020 スタイルブック、何部目標？

100万部!!!

021 友達とどこで遊ぶ？

表参道にいることが多い！
ブレッツカフェ クレープリーに
めっっちゃめちゃよく行く
ガレットがほんっっっまにおいしい…！
そのまま原宿で買物して帰るのが
いつものルーティン

022 1日の中で、いちばん好きな時間は？

fire stickで
韓国の番組みてるとき

023 リラックスしたいときは、何をする？

ホットアイマスクして寝る zzz

024 ひとつだけ魔法が使えるとしたら？

両親を
不老不死にする

025 何フェチ？

エラ

026 楽器をやるとしたら、何がいい？

ベース

027 好きなスイーツは？

アイスミルクレープ

028 アイスの中で、特に好きなのは？

ハーゲンダッツのパンプキン ←?ww
ルマンドアイス
ぎっしりチョコミントのサンドのやつ!!!

029 得意料理は？

グラタン

030 好きなおつまみベスト3は？

あげ銀杏
スルメイカ
しめサバ

031 頭良くなりたい？体力欲しい？

頭良く
なりたい

032 最近、何ポチった？

・SHIROのルームフレグランスのつめ替え用
(香りはもうずっとサボン)
・Viageのナイトブラ（グレーのやつ）
・マルサン調製豆乳カロリー45%オフ
これほんまにおいしい！ダイエットにオススメ

033 人づきあいで、いちばん気をつけていることは？

笑顔
相手をほめる

034 気分が下がったときのテンションの上げ方は？

好きなアイドルの
ライブ映像観ながら
好きなお酒とおつまみ
たらふく食べ飲み

035 何もかもやる気がなくなったときは？

寝る!!!
とりま

036 自分のいちばん好きなところは？

根性。

037 ももちが思う、ももちのチャームポイントは？

目

038 好きな言葉は？

やらない後悔より、
やった後悔

039 80才になったら何になりたい？

かわいい
おばあたむ

040 ももちの軸になっているものは？

SNS

041 1年後、何してると思う？

今と変わらず
皆とももちを作ってる

042 何才まで仕事続けたい？

50才
（くらい…）

043 小さい頃の夢は？

舞台女優

044 尊敬している人は？

お母さん

045 実は言ってないヒミツは？

おしりに
天使の羽
がある

046 高校生のときのいちばんの思い出は？

彼氏との登下校(*´ω`*)ふふ、
（チャリで2ケツ）

047 自信ないことは何？

運動全て…(泣)

048 どんな30代になりたい？

体はむちっと色気があるけど
愛嬌のある笑顔がかわいい女性

049 自分磨きを始めて、いちばん最初にしたことは？

「自分の似合う」を探す

052 過去に戻れるとしたら、何を自分にアドバイスする？

やりたいって思った事、全部やっとけ!!!!!!

051 過去の自分に言いたいことは？

まじでお前の生き方、最高!!!!!!

050 速攻であか抜ける方法は？

前髪を薄くして、眉毛をしっかり描く！
（眉山を作って、眉尻をしっかり描く！）

053 ももちを漢字ひと文字で表すと？

熱

054 昔と比べて、いちばん変わったことは？

沢山の痛みを経験したから、
人の痛みを心から共感してあげられる
ようになったこと。

055 今、恋してる♡？

ちょ、ちょぴっと…♡

056 ひと目ボレ、したことある？

ある!!

057 絶対に譲れない、異性のタイプは？

男らしさ、身長、声

058 彼氏に誕生日プレゼントをあげるなら？

名刺入れ、時計、さいふ

060 結婚は何才でしたい？

30♡♡

059 結婚願望は？

あります♡♡
（いつかは）

061 結婚相手に求める3つのポイントは？

・浮気しない
・ずっとお姫様扱いしてくれる
・ちゃんと働いている

062 子供に付けたい名前は？

男　分からん
女　詩（うた）
うーちゃんって呼びたい☺♡

063 親友と好きな人がかぶったらどうする？

譲る

064 がちダイエット方法は？

グルテンフリー
青汁

065 コンビニで買える、オススメのダイエット食品は？

ファミマ
タンスティック（レモン味）

066 ショートヘアになる予定ある？

ない！

067 無人島に持って行くアイテムは？

スマホ
モバイルバッテリー
メガネ

068 ももちってイエベ？ ブルベ？

グリベ…？
イエベもブルベもいけるから
グリベじゃない？って
ファンの子に言われた…！笑

069 1か所しかメイクしちゃいけない、だったらどこをする？

目

070 カラコンでオススメは？

エバーカラーワンデーナチュラル
モイストレーベルUV AntiqueBeige
色素薄い、透明感女子になるなら絶対これ!!!
3箱くらいいつもストックしてるくらい大すき!!!!!!

071 オススメのマスクは？

マツキヨのマスク！
安くて洗って使えてオススメ
（ピンクがカワイイよ）

072 お気に入りの髪色は？

#ももちピンク♡

073 メイクやおしゃれに本格的に目覚めたのは？

オシャレは、小学生
メイクは、中1

076 アパレル店員になるために必要なことは？

やる気

075 服装を決める順番教えて？

1番着たいアイテムを1つ決めて
そのアイテムに合う
他の服を選んでいく

074 人生で初めて買った服のブランドは？

OLIVE des OLIVE

077 男ウケのいい服って、女ウケのいい服と何が違うと思う？

ボディライン
肌見せ

078 ファッションで譲れないところは？

細見え
着やせ

079 挑戦したいファッションの系統は？

痩せて、タイトなワンピースが着たい！
今までは体のラインを隠すお洋服ばかり
着てたので、いつか痩せたら体のラインを
ばんばんに出してみたい!!! 夢!!!

080 その日のスタイル、ファッションから決める？メイクから決める？

ファッション

081 おすすめのカラーパンツの色は？

ピンク パープル

082 服を買うときの基準は？

迷ったら買わない
or
迷ったら2色買う

083 なんでそんなにセンスあるの？ 笑笑

おい!!「笑笑」とは!!
バカにしとんか!!!! 笑

084 私たちはももちからファッションの勉強させてもらってるけど、ももちは何で情報を得ているの？

コレクションをチェックする
「2020 AW トレンド」で検索する

085 今日のランチは何？

餃子の王将の
天津チャーハンとギョウザ!!
天津チャーハンは必ず「京風たれ」!!!!!!
これがほんっっまにおいしい!!ヤバイ!!!!!!

086 昨日、何時に寝た？

AM 4:00 zzz
おそい…

087 今着ている服は？

しまむらのキッズ服120cmのTシャツに
ZARAのサテンキャミワンピース♡

088 今からの予定は？

19時から、
会食

089 で、何着てく？

今着てるサテンキャミワンピに
ジャケットははおろうかな〜
(中のちびTは脱ぐよ)

090 最新の検索は？

篠原涼子 ちくわ ×

エキゾチックショートヘアの猫が飼いたくて、
ちくわがカワイイと友人から聞いて
すぐ検索した！めちゃかわいい…

091 素敵だと思う、女のコは？

素直に相手を
ほめられる女のコ

092 かわいいと思う女のコの仕草は？

にこ〜〜って笑う

093 SNSで気をつけていることは？

毎日SNSの
「ももち」を
生きさせる！

094 YouTuberになる人に、これだけは必要なことは？

根性、熱、たのしむ心
ファンを大切にする心

095 これだけは絶対したい！っていうお仕事は？

Web CMに
出たい!!

096 正直、この仕事のツライことは？

仕事とプライベートのオン・オフがない

097 リアルに仲よしなインフルエンサーは？

たくぼかりんたん♡♡

098 ファッションライバーじゃなかったら、何をやってる？

アパレル店員

099 ももちにとって、ももち芸人とは？

恩人

100 いちばん心に残っている、ももち芸人との思い出は？

イベントで直接みんなに
「ありがとう」と伝えられたコト

101 ももちファンにお願いしたいことは？

これからも一緒にももちを
大きくしようね♡"

ももちの憧れの人がやってきた♥♥♥

いらっしゃいませ

アンジュルム 佐々木莉佳子様。

そら、顔固まりますやん

ももち:今日はたくさん質問を考えてきました！ よろしくお願いします。　莉佳子:ありがとうございます。よろしくお願いします。　ももち:どうしてアイドルになりたかったんですか？ 棒読みですね、私（焦）。サリーちゃん（注1）のときから大好きで、新メンバーで入ってきて、もうめっちゃかわいいと思って！　莉佳子:えーありがとうございます。　ももち:そこから今までの成長に私はすっごくびっくりしていて、色気もかわいさも増し増しになり、おしゃれになり、素敵な女性に育ち、そんな莉佳子ちゃんへの質問です。　莉佳子:はい。　ももち:面接官みたい（笑）ですが、まず、なぜアイドルになりたかったかを聞きたいです。　莉佳子:小さい頃から踊ったり歌ったりがすごく好きで、習い事もエアロビを7年間やってたんです。そこからモーニング娘。さんを好きになって、工藤 遥さんに出会って、ハロプロに入りたいって思うようになり、オーディションを受けて落ちて研修生になって今、っていう感じですね。　ももち:エアロビから始まったんですね。エアロビは何歳から？ 莉佳子:年中さんからです。エアロビの他に、クラシックバレエも一応。　ももち:ダンスはどうですか？ 莉佳子:ダンスは経験なかったです。ハロプロに入って鍛え上げられたという感じです。　ももち:鍛え上げられすぎてますね！ 私、莉佳子ちゃんがすぐ泣いちゃうのがかわいいなと思っていて、涙もろいじゃないですか。　莉佳子:悔しかったり寂しかったりすると、すぐ涙が出てくるんですよ。　ももち:いつも「泣いてないもん」のところがめっちゃかわいくて、DVD巻き戻して何度も観てます。　莉佳子:私は飛ばします。自分は見たくないので（笑）。 ももち:かわいいのに！ メンバーも「莉佳子かわいい」ってなってるのが、また超かわいいっ！　莉佳子:恥ずかしい。　ももち:私は好きです（笑）。気になってたんですけど、どこからか急激に歌に磨きがかけられ

PROFILE

ささきりかこ／2001年5月28日生まれ。宮城県出身。ハロー！プロジェクトのアンジュルム3期メンバー。どんな服も着こなすグループのおしゃれ番長。ステージでの圧巻のパフォーマンスと、普段のかわいい声のギャップも魅力。センスいい！ と話題のインスタ@rikako_sasaki.officialもチェック♪

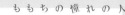

↘すよ。 **ももち**：え!? **莉佳子**：ステージに立つとその瞬間に出るものってあるじゃないですか。仕草とか。それに全部委ねて。武道館ってめっちゃ緊張して、頭真っ白になるんですよ。しかもソロだし。どうしようってなったときにああいう表現が出て。 **ももち**：もうクギづけでした。このお話ができてうれしいです。それにしても本当に服とか、色々センスがいいですよね。 **莉佳子**：お父さんがアパレルでパタンナーのお仕事をしてたこともあって、「ちゃんとしたお洋服を着なさい」っていうタイプの人。その影響で、小さい頃から私も服を適当に選んだことはあまりないですね。 **ももち**：お父さんの影響でどんどん服が好きになっていったんですね。 **莉佳子**：はい。お兄ちゃんもお姉ちゃんも、どっちも服飾の学校に進んで。 **ももち**：おしゃれ一家！ では、次に、アンジュルムの裏話を教えてください。 **莉佳子**：裏話…そうですね、みんな裏がなくて、そのまま表に出てる感じです。 **ももち**：キャッキャしてますよね。 **莉佳子**：最近、卒業したメンバーと会うようになりました。この前も3期（注6）で集まって。 **ももち**：ちょっとその話いきましょう。3期で会っていたのをSNSで見て、私も3期が好きだからめちゃめちゃ幸せな気分になりました。3人仲いいんですか？ **莉佳子**：仲いいです。3人のグループLINEもあります。私は2人と年が3つ離れてるので、グループに2人がいたときは末っ子的立ち位置。なのでいまだに3人で集まると、2人がチームにいるときの感覚を思い出して、うれしくなります。お姉ちゃんという感じでもないんですけど、2人がうんうんって話を聞いてくれて。なんでも話せて安心します。 **ももち**：鳥肌が立ちます。3人でどんな話を？ **莉佳子**：近況ですね。まほちゃん（相川茉穂さん）とはお洋服のこととか。 **ももち**：まほちゃん鬼おしゃれですよね。 **莉佳子**：そうなんです。次の日何を↘

ももち：新メンバーで入ってきたとき、もうめっちゃかわいい！って。
莉佳子：ありがとうございます！ 照れます（笑）。

↘た気がするんですが…？ **莉佳子**：ディレクターのたいせいさん（注2）に『忘れてあげる』（注3）の時期のレコーディングで「佐々木、歌変わったね」って言われて。自覚なかったんですけど、それからだんだん歌が楽しいと思えるようになりました。あとは昔、歌うとき胸に手を当てていたんです。安定させるために、本当に無意識に。で、たいせいさんに「一回それ取ってみいや。手を取って、いろんな表現してみなさい」って言われてから変わりました。 **ももち**：たいせいさんがキーなんですね。 **莉佳子**：歌のことで迷ったらたいせいさんに相談しますね。ずっと近くにいてくれるので、はい。 **ももち**：『忘れてあげる』前後でボイトレしたりは？ **莉佳子**：ボイトレで変わったわけではないです。今まではずっと自信なくて、とりあえず自分なりに頑張るという感じだったんですけど、もっとできるかもって少し自信がついて。 **ももち**：えぇ!? じゃあビブラートとかも…？ **莉佳子**：気づいたらできるようになってて。 **ももち**：そんな!? ビブラートって語尾を抜くようなハロプロ特有の歌い方が、すごい素敵で。 **莉佳子**：ライブ重ねて、自分の歌い方を摑んできたというのはあります。 **ももち**：すごい情報ですね。私、莉佳子ちゃんの表情がめっちゃ好きで。切ないときは切なく歌うし。やっぱり日々研究してるんですか？ **莉佳子**：うれしいです。やっぱりパフォーマンスに関していちばん自分が変わったのは、『十人↘

↘十色ツアー』（注4）からで。モヤモヤしてた時期に、憧れとなる方のパフォーマンスを観て、あ、変わろうって。憧れの方を見つけたのがいちばん大きいですね。こういう表現したいという、欲みたいなものが生まれたので。そこで色々変わって、自分のスタイルを得たのかも。表情は…見返したときに、どうなんだろうっていうのは今でもあります。 **ももち**：そうなんや！ 私には全部素敵に見えちゃう。 **莉佳子**：昔はずっと笑顔ではっちゃけてる感じで、それが最近ないな、とか。ないものねだりかもしれないですが。パフォーマンスに集中すると、楽しむことを忘れちゃいがちで。 **ももち**：『十人十色』のファイナルの武道館で、全員主役のメドレー（注5）があったじゃないですか。 **莉佳子**：楽しかったです！ **ももち**：あのとき『初恋の貴方へ』を歌っていた莉佳子ちゃんがめちゃくちゃ好きで。サビの後半「好きでいるほど～」の横向いての一連の流れからの表情がえぇ!!って、超魅力的で。 **莉佳子**：当時は本当に色々悩んでいて、ツアー中も毎回変えてはみたんですけど、あまりしっくりこなくて。あの武道館での『初恋の貴方へ』は、歌詞をすごく読み込んで、入り込んでました。 **ももち**：めっちゃ入り込んでた、顔が。 **莉佳子**：あれ、ほとんどフリーなんで↘

1 サリーちゃん：佐々木さんのアンジュルム加入後、初の楽曲は『魔法使いサリー』のカバー曲。キラキラとフレッシュな笑顔でセンターを務め、鮮烈な印象を残す。
2 たいせいさん：シャ乱Qのキーボード担当であり、ハロプロ楽曲の作曲等も行う音楽ディレクター。
3 忘れてあげる：2016年発売のアンジュルムのトリプルA面シングル『上手く言えない／愛のため今日まで進化してきた人間 愛のためすべて退化してきた人間／忘れてあげる』のうちの1曲。切ない曲調に合わせた、佐々木さんのしなやかで色っぽいダンスに注目。
4 十人十色ツアー：2018年に行われた『アンジュルム コンサートツアー 2018春 十人十色』のこと。3月のライブハウスツアー『十人十色』を経て、4月に『十人十色 +』となり、ツアーファイナルは武道館で行われた。
5 初恋の貴方へ：2011年のスマイレージ（アンジュルムの旧グループ名）時代にリリースされた楽曲で『十人十色ツアー』武道館公演の際、メンバー各々のソロが展開されるメドレーで佐々木さんが披露した。
6 3期：同時期にグループに加入した、相川茉穂さん、室田瑞希さん、佐々木さんの3名。
7 工藤 遥さん：モーニング娘。の元メンバー。11歳11か月というモーニング娘。史上最年少記録で加入。後輩メンバーからも憧れの存在で、現在は女優として活躍。

↘入れてるのは梅飴。ないとダメです。あとはイヤホン。ケースの素材が好きで買いました。 **ももち**：かわいい。レザーみたいな感じ。 **莉佳子**：あと財布と、メガネは度なしのZoffです。 **ももち**：髪がツルツルですが、どんなヘアケアを？ **莉佳子**：ドライヤーをするとき、自分の手でトップから手ぐしでずっとこう整えて。美容室の担当の方にドライヤーだけはしっかりねとアドバイス受けて、そこだけは一生懸命。 **ももち**：オイルつけたりは？ **莉佳子**：オイルはセットするときに。あとシャンプーをする前に1回お湯で洗います。これいいらしいです。シャンプーのこだわりはなくて、市販のものを。一時期おしゃれでリッチなのを使ってたこともあったけど、その分服に使いたいからいいやって。 **ももち**：やっぱ服ですね、ファッション的な目標はありますか？ **莉佳子**：スーツのようなカチッとしたものが似合う人になりたくて、だけどどこか着くずしてて、個性もある感じのファッションがしたいです。まほちゃんと「おそろいのセットアップを買おう」って言ってます。ジャケット×短パンなんです。ボトムにすでにハズしの要素があって、すごくかわいい。 **ももち**：色は？ **莉佳子**：黒です。中にシャツ着て、ベルトして。モチベーションが上がるお洋服を常に持ってたいし、そういうのを着て違和感のない女性になりたいなと。 **ももち**：素敵です！ では少しだけ恋の話を。そんなに攻めないので安心してください。好きなタイプは？ **莉佳子**：服のセンスが合う人、好みがはっきりしてる人。 **ももち**：センスあって、めっちゃ優しくなかったら…？ **莉佳子**：嫌ですね。やっぱ優しさや思いやりがある人がいいなと思いますね。 **ももち**：超理想のデートは？ **莉佳子**：ドライブですかね。私車乗るの好きで、小さい頃、助手席に乗っていろんなところに連れて行ってもらったので。車って、わーいって

↘週1ほど。 **ももち**：ピーリングは？ **莉佳子**：しないかも…。 **ももち**：なのにツルツルになったの、すごい。 **莉佳子**：かなり落ち着きました。メイクしながら汗をかくとやばいんですよ。ハロプロってライブが多いので、一年中メイクして汗かいてるような、常にそんな感じで、お肌的には大変でした。 **ももち**：YouTubeは観ます？ **莉佳子**：観ます！ **ももち**：恐れ多すぎて聞くか迷ったんですけど…私のYouTube…？ **莉佳子**：SNSは観たことあります。私についてかアンジュについての投稿を拝見して、それ以来ももちさんのこと知ってます。なので本当に今日うれしかったです。 **ももち**：え!!「知らないやつからオファーきた」とかじゃなくて？ **莉佳子**：知ってます。アンジュのメンバーも知ってると思います。 **ももち**：やば。固まった…(笑)。ちょっとびっくり、えっと、なんでしたっけ。あ、YouTubeは誰を観ますか？ いつ観るんですか、YouTubeって。 **莉佳子**：暇があれば。移動中も観ますね。ハマってたのはパパラピーズさん。 **ももち**：パパラ観るんですか!? **莉佳子**：面白いのが好きですね。あさぎーにょさん、韓国のモッパンする方、かおるさん、くれいじーまぐねっとさんとか。 **ももち**：すごくないですか？ YouTubeやってたらハロメンに見られるかもしれないっていう。話変わります、眉毛がきれいですが、お手入れは？ **莉佳子**：自分で整える程度です。姪っコがいるんですけど、眉毛の形がめっちゃ似てるんですよ。太い。たぶんお父さん譲りです、この眉毛。1回も剃ったことないです。 **ももち**：え——。 **莉佳子**：ちょっと抜いて伸びたら切ったり、くらいです。 **ももち**：いい眉毛ですね。では、バッグの中身を教えてください。 **莉佳子**：全然面白みないんですが…。 **ももち**：カバンが小さい！ **莉佳子**：大荷物が苦手で最小限しか持たないんですけど、絶対

↘着ていいか迷ったとき、夜中、まほちゃんにテレビ電話で一緒に服を決めてもらったり。 **ももち**：これはたまらんエピソード。 **莉佳子**：むろ（室田瑞希さん）はパフォーマンスのこととか、それぞれ自分にない強みがあるので、相談したり。 **ももち**：話戻るんですが、最初に工藤 遥さん（注7）を好きになったじゃないですか。ハロプロに入ろうと決意するレベルまで好きって相当ですよね。最初どこで工藤さんを？ **莉佳子**：元々、高橋 愛さんが好きで。高橋さん卒業の武道館のライブで10期メンバーの紹介があって。そこで工藤さんを見て「めっちゃ天使やん」ってなりました。声はハスキーで目もクリクリでかわいくて、なんだこの方は！ と。 **ももち**：今、インスタで高橋さんともやりとりされてますよね。 **莉佳子**：奇跡ですね。返信するときちょっと緊張してます。誤字ってないか一回確認したり。高橋さんからいただいたお洋服や靴もあります。 **ももち**：「高橋さんからいただいたお洋服」、パワーワードすぎません!? **莉佳子**：ありがたいです。 **ももち**：次…スキンケアを教えてほしいです。 **莉佳子**：私、敏感肌でめちゃくちゃ弱くて。自粛期間でメイクしないでいたら、かなり落ち着いたんですけど、最近また治安が悪くなってきて。 **ももち**：治安が悪い(笑)。 **莉佳子**：はい、なので家に帰ったらメイク落として、お風呂入って。化粧水たっぷり塗って保湿します。美容液は使ってなくて、かみ（上國料萌衣さん）オススメの乳液やクリームがあるので今度使ってみようかなと。パックは週2くらいです。あとは、酵素洗顔を

対談を終えて…

いやあの… まじで！ まじで！ ヤバかったです。莉佳子ちゃんは加入当初からおしゃれでかわいくて実力もあって、若きレジェンドという感じで。デビューコンサートの頃から観させてもらっていて、実は、初めてお会いしたのは、デビュー間もない頃の大阪・茶屋町のタワレコのイベント。普通にファンとして参加したんだけどご本人の前で泣いちゃって。それを今日来るとき思い出してエモくなった…。だから対談なんて不思議な感じで「私は何者だ？」「今なんで隣にいるんだ？」って。ずっっっとDVDやコンサートで観ていたから…まだフワフワしてます！

▲撮影前、テンパりすぎて動けなくなるももち。

◀莉佳子ちゃんが帰ったあと、夢じゃないかと疑い頭を抱える。

莉佳子ちゃんのBAGの中身のぞきみ！

EYEWARE

EARPHONES

CANDY

「大荷物は苦手」で、ちっちゃなバッグが定番。イヤホンやメガネ、そして必需品は梅飴。（詳しくは本文をチェック♥）

→なります。　**ももち**:わかります！　**莉佳子**:サファリパークとか、山とか、単館系の小さい映画館を巡るのもいい。あとはおうちですかね。にぎわっている場所より2人で、みたいなのがいいかなと思います。　**ももち**:話変わりますが、自粛期間はメンバーとZoom会的なのってしました？　**莉佳子**:LINEのテレビ電話してました。長いんですよ、アンジュのテレビ電話は4〜5時間ずっと。ふな（船木 結さん）がラジオのお仕事があるからそこまでのつもりが、結局切らずに流れでみんなラジオに出ちゃったり。　**ももち**:ほんとすごい話ですね！　**莉佳子**:全員出演のラジオがあったんですね(笑)。自由だなって思いました。　**ももち**:すごいエピソード。莉佳子ちゃんのお部屋はどんなテイス→トですか？　**莉佳子**:白でまとめてます。お花を飾るのが好きで、今はピンクのお花、その前がひまわり。ベッドサイドには和田さん（和田彩花さん）からいただいたのと自分で買ったドライフラワーをミックスして飾ってます。あとはディカプリオさんの好きな映画のシーンを切り取った写真をポンポンって貼→ってみたり。　ももち:けっこうこだわりがあるんですか？　莉佳子:ありますね。常にきれいにしていたいです。　ももち:ちなみに、インスタもおしゃれ！　莉佳子:私、1枚の投稿で終わらせられなくて。　ももち:だいたい2〜3枚載せてますね。　莉佳子:欲張りなのかな。最近ファンの方にも会えてなかったし。SNSが今すごく重要な時期だと思ってるので、ひとつひとつの投稿を大事に、一応毎日更新はしてます。　**ももち**:好きですか？ SNS。　**莉佳子**:好きです。すごく楽しい。素敵な方のアカウントを参考に、写真もスクエア、縦長、横長とかあるじゃないですか。どうやったらかわいく枠をつけられるのかとか、1投稿30分はかかります。写真セレクトして、フィルターの色選んで、粒子のせたり、ノーマルで撮って加工に時間かけます。　ももち:かなり考えてるんですね！　莉佳子ちゃんがインスタ始めたとき、めっちゃうれしかったんですよ。やっときた！って。待って待って、残り時間3分ですね。じゃあ、かまぼこ以外に好きな食べ物は？　**莉佳子**:餃子。　**ももち**:スマでいちばん好きな曲は？　**莉佳子**:『パン屋さんのアルバイト』。　**ももち**:いっしょー！　私も大好き！　**莉佳子**:いいですよね！　**ももち**:アンジュルムで最近遊んだのは？　**莉佳子**:かみ、ふな。　ももち:私にオススメの固形石鹸は？　莉佳子:フランスで買った固形石鹸！　いいにおいです。　ももち:取り寄せます　おっけーです。以上です。　莉佳子:唐突に（笑）。今日すごく楽しかったです。　**ももち**:こんなにハロプロ愛を語られるってどうですか、実際。　**莉佳子**:めっちゃうれしいです。うれしすぎてどう返したらいいか…みたいな。　**ももち**:ガチガチのオタクです。　莉佳子:なんかありがたいです。ありがとうございます。　ももち:こちらこそありがとうございます。これからも応援します！

ももち：ファッション的な目標はありますか?

莉佳子：スーツのようなカチッとした服が似合う人になりたくて。まほちゃんと「おそろいのセットアップ買おう」って言ってます！

【佐々木さん】服・小物／スタイリスト私物
【ももち】ブラウス・パンツ／RURU、靴／GRL、イヤリング／Liquem、カチューシャ／DAISO

ももち！ スタイルブック発売おめでたいすぎ！ 約10年前**アイドルオタクしてて毎週のように握手会に通ってた**あの頃はまさかこんなことになるとは思ってもなかったけど、あの頃と変わったようで何も変わってないねお互い。そこがいいところ。これからもお互い楽しい人生を送ろうなあ。ももこらぶ。ももち芸人第一号(知らんけど)より

朝まで一緒にマリカーする
高校時代からのオタ友♡
仮面女子 上下 碧さん

ももこスタイルブック出版おめでとう♡ 高校生の頃から変わらず普段はとってもゆるいのに、**仕事のことになるとストイックで努力家**なところ、親友としてずっと尊敬しています！ これからの活躍も楽しみにしてるよ♡ またゆる旅しにいこうね♡

ハブられたときに
助けてくれた恩人
ななみさん

だいすきなももち出版おめでとう♡ 頑張り屋のももちの努力がこうやって本って形になってうれしい！ でも**たまに頑張りすぎて心配(笑)！** あとインスタストーリーでスタイルBOOKさらっと情報解禁してもたんももちらしくてわらった笑笑。毎日毎日ライブ配信やったりえらいよ～。またお家でいっぱい語ろね！ 改めておめでとうお祝いや!!!!

つらいときに支えてくれる
駆け込み寺みたいな存在！
YouTuber そわんわんさん

もち！ スタイルブック本当におめでとう！ 自分のことのように喜んだよ！ ももこは努力家で**夢を現実にする力をもっている人**だなと改めて感心してます。中学の頃よく韓ドラの真似して休み時間を過ごしていたのが懐かしい(笑)。毎回会うと何をしても楽しくて呼吸するのが大変なくらい笑い合うよね。いつもありがとう！ 大好き！ ずっと親友！

昔の自分に戻れる
家族のような人
まおさん

ももちスタイルブックおめでと！ 毎日頑張ってる姿を見てたからうれしい！ 休みの日に遊んでても気付いたら仕事の話とかして、仕事好きやなぁってなるよな(笑)。**仕事に対して誰よりもストイック**なのが素敵やと思う♡ でも2人とも計画なしのだらだらが好きで(笑)、旅行は無計画旅なのが居心地よくてらぶ^~^ これからもよろしくねん♡

東京イチ気を使わない
親友(笑)&韓国オタ友
ネイリスト YUCAさん

スタイルブック出版おめでとう!! ももちのやりたいことがどんどん叶っていくのは私もうれしい。いつも頑張り屋さんで、**常に上を目指してて本当にすごい**と思ってるよ。けどその頑張り屋さんな性格が故にぐんと疲れ切ってしまったときは、ひとりでため込まずいつでも電話してきてね。これからもどんどん飛躍していくももちを見守ってるよ。青汁も美味しかったありがとう！ またいつものガレットとしゃぶしゃぶ食べ行ったりカラオケでアナ雪歌ったりしようね♡

元々は待ち受けにするほど大ファン♡からの大親友に！
モデル たくぼかりんさん

ももぴスタイルBOOK発売おめでとう～!! 初めて会って3秒で腕を組んでくる人に今まで出会ったことがなかったから驚いたけど、**そのときから直感で仲よくなれそうな気がしてた！** いろんなことに対するセンスが抜群によくて、常に全力で、どんどんみんなで夢を叶えていく「ファッションライバーももち」のこれからも楽しみにしてるよ～！ これからもお互いの日常の何でもない雑な動画を送り合える関係でいようね！ 今度2人旅しよ～♡

見た目とギャップのあるサバサバした性格も大好き！
タレント 宮崎由加さん

幼稚園の頃からお洒落さんで流行を誰よりも早く取り入れていたことが印象的です。みんながドレスを着ている絵を描いている中、一人だけストレートヘア、編み上げブーツ、カットデニムにハイネックのノースリーブニットの絵を描いていたのを見たときは、そのハイセンスさに幼稚園児ながら驚いたことをよく覚えています(笑)。

ギャグ線高い
幼稚園からの幼なじみ
櫻井彩香さん

桃子へ スタイルブック発売おめでとう！ 私の中では小さい頃のままなので不思議な感覚です。幼稚園の頃、発表会でどうしても主役が取りたくて覚えたてのひらがなを一生懸命並べてお手紙を書き先生に渡していました。**やりたい、と思った事を掴み取る努力**は子供の頃から変わってないです。人生一度きりなので後悔ないように進んでいってほしいです。**お父さんもお母さんもそのままの桃子が大好きです！** 改めて本当におめでとう！

私が幸せにしたい！と
思える大好きな両親♡
パパち&ママち

ももと出会ってから、約1年。いつも本当に本当に努力している姿をいちばん近くで見てました。つらい時もうれしい時も一緒にいたから、今回のスタイルBOOKも自分のことのように本当にうれしいし、幸せです！ ももが**いちばん大変なはずなのに現場では誰よりも盛り上げていて、自分よりも誰かに、と思えるももが素敵**だし尊敬してます。もものマネージャーでよかった！ これからもサポート頑張るね！

裏でメンタルを支えてくれる存在！
マネージャー きよこ

ワンピース／Privève
イヤリング／ANEMONE

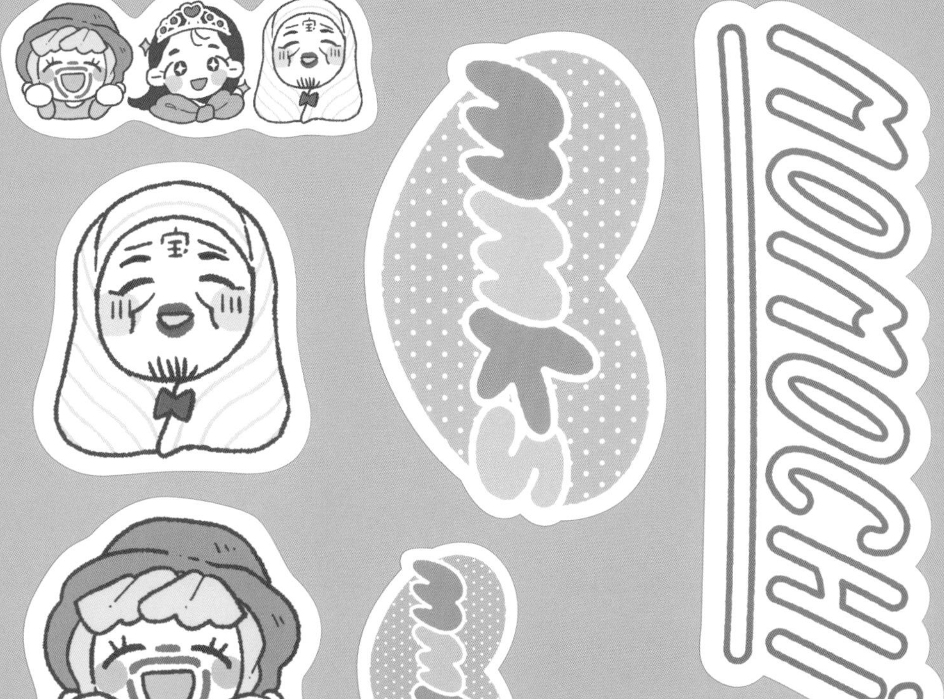

これであなたも
#ももち芸人！

#ももクセ本
切って使える
ペーパーももち

伝説の(!?)あのキャラもイラスト化！ ノートに貼ったり、
スマホケースにはさんだり、ハサミで切り取って使ってね♡

ももちのHAPPY♡格言

やらない後悔より、やった後悔！
迷ってるなら、とにかく進もう！
進んだ先にしか見えない世界があるよ！

ももちのHAPPY♡格言

幸せになる方法は、周りを幸せにすること！
周りを幸せにすると、幸せが返ってくるよ。
求める前に、まずは自分が動こう！

by MOMOCHI

クセ強キャラ①

七福.J

1週間コーデ動画に登場する謎キャラで、額の〝宝〟がトレードマーク。齢70を超えているとの噂。性別不明。1週間＝7日間に幸福をもたらすということから、名前は七福.J。口癖は「幸(さち)〜！」

▼ この動画に登場するよ！

'20年6月10日UP
「GU&UNIQLO夏服♡1週間コーデ」

いつも、ももちを一緒に
作ってくれて本当に
ありがとう！だいすき！

by MOMOCHI

クセ強キャラ②

ベージャー

ベージュのコーデ動画によく登場するオタおじさん。昼間は農業に勤しみ夜はオタ活動に精を出す。アイドルコールのMIXで「ジャージャー！」を「ベージャー！」に変えて楽しんでいる。

▼ この動画に登場するよ！

'19年11月1日UP
「今買うべき！秋冬ベージュコーデ解説」

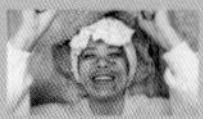

自己肯定できないときは、
ももちのSNSにおいで！
ももちがあなたを、今日も肯定するよ！

by MOMOCHI

明日もSNSで会おうね！
22:00にインスタライブで
待ってるね！

by MOMOCHI

クセ強キャラ③

リンセス.aka.P

どっかの城に住む16歳のお姫様で、ディズニーコーデ動画に登場する。「〜ですわよ」などのまったりしたお嬢様口調が特徴。おばあちゃん(リンセス.bba.P)と妹(リンセス.imt.P)もいる。

▼ この動画に登場するよ！

'19年3月12日UP
「春のディズニーコーデinシー♡」

23歳のバースデーイベントのとき、
100人限定で作ったステッカー♡
「私も欲しかった…(泣)」という声が
たくさんあったので
今回 #ももクセ本で
特別に復活させちゃいました！

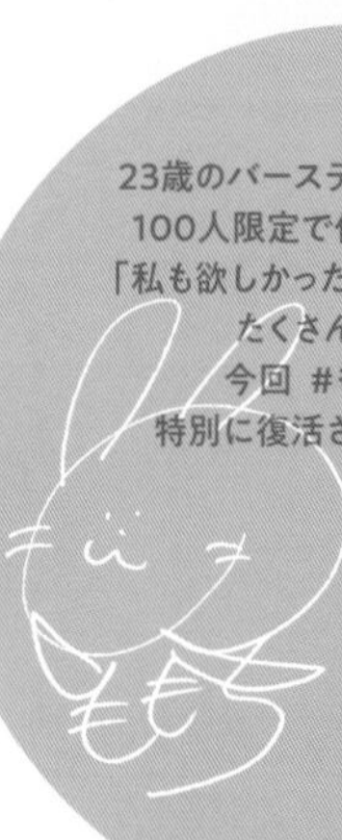

ペーパーももちの使い方

キリトリ線に沿って、ページごとハサミで切り取る
▼
使いたいペーパーももちを線に沿ってハサミで切り取る
▼
お好みでスマホやノートに貼って使ってね！

約8000字の
ロングインタビュー！

自己肯定感ゼロだった私が「ももち」になるまで

「かわいい」は人に言うばっかりで、言われたことがないことに気づいた

幼なじみからも「おしゃれ番長」って呼ばれるくらい、小さい頃からおしゃれが大好き。周りがみんなキャラもののリュックを背負ってる中で、私はショッキングピンクのリュックにデニムにコンバース！ とかで服にはこだわってました。中学生のときはギャルメイクに目覚めて、目の周りを真っ黒にライン引いてたなぁ（笑）。

■■■

特に自分のことをかわいいと思ったこともないけど、別にブスだと思ったこともない、普通の女のコでした。元々アイドルとかかわいいコが大好きだったから、単純に高校はかわいいコがいっぱいいる学校に行きたいなと思ったんです。そんな環境に飛び込んだら、自分もかわいくなれるんじゃないかな～なんて思ったりして。でも入学してみたら想像以上にレベルが高かった！ 特に私の周りはかわいい友達ばっかりで、そこで初めて自分のかわいくなさに気づいたんです（笑）。遊ぶグループが同じだったから、私もそのかわいいコたちの一員になれてるのかな？と思ったときもあったけど、私は友達に「○○ちゃん本当にかわいい～！」って言うばっかりで、自分は一度も言われてないことにある日気がついたんです。「あれ？ 私〝かわいい〟なんて誰からも言われたことないかも…」って。だから自分にどんどん自信がなくなっていって、めちゃめちゃ自己肯定感が低かった。私は自分をネタに笑いをとったりする明るいキャラだし、友達がたくさん欲しかったタイプ。学校生活はそれなりに楽しかったから落ち込んだりすることはなかったけど、「かわいいコになりたいけど、自分はなれない。かわいくない」っていうのがずっと頭の片隅にありました。

■■■

ミュージカルが好きで小さい頃は児童劇団に入っていたので、表に立つことは元々大好き。高

ニートだし お金ないし 親に合わせる 顔もない。 工場でシールを 貼り続ける日々…（笑）

校時代は小さなステージで歌って踊れる、メイド喫茶でバイトもしていました。将来はアイドル？ 女優？ そういう道もいいなぁなんて思っていたけど、かわいくないし自信もないし、私なんかが無理だなって。それにすべてを捨てて芸能の道に進む勇気もなかった。だから高校卒業後は、親に勧められるまま歯科衛生の専門学校へ行くことに。けどやっぱり好きなことじゃないから全然楽しくない！ でも将来のためだし、資格があれば安定した生活ができるし、今ガマンしたら後の人生が楽だし…！って思い込ませて毎日勉強する日々。そんなときにお母さんから誘われたのが劇団四季の舞台でした。まぁ暇だし行こうかなっていう軽い気持ちで10年ぶりに舞台を観に行ったのですが、いざ始まると、壮大な音楽に、キラキラ輝く照明に…自分が舞台に立つ側だったときの感覚が一気に蘇って、気づけばボロボロ涙がこぼれるくらい、子供みたいに号泣していました。「やっぱり私は人前で何かを表現して輝きたいんだ！」「やりたいことをやって生きていきたい！」今までずっと蓋をしていた自分の本当の気持ちに気づいて、その1週間後には学校を退学していました。

■■■

自分がやりたいこと、中でも10代の今しかできないことは何か？ 考えたときに最初に浮かんだのが「アイドル」でした。でも何も知らなかったので、大阪・アイドル・オーディションで検索して、いちばん上位に出てきたところを受けてみたら、なんと合格！ 本当に怖いもの知らずだったと思う（笑）。でも初めてやりたかったことができているから、アイドル活動はとにかく楽しかった！ 憧れだったダンスレッスンに、ボイストレーニング、ライブ…すべてが新鮮で、どんなに小さいステージでも、歌って踊って舞台に立てるっていうことが楽しくて、「私、今生きてる！」って心の底から思えました。アイドルをやるからには結果を出したかったので、とにかくがむしゃらに、毎日のレッスンもステージも頑張りました。私は新メンバーとして入ったけど、気づけばいちばん人気のメンバーとツートップになっていて、ボーカルもたくさん任せてもらえるようになっていました。けどそんなにいいことばかりあるわけもなく…。ハードなスケジュールに加えて、メンバー内でのいじめや社長からの過度なパワハラ（今はもうネタだけど、遠征の移動中、私だけサービスエリアに置いて行かれたこともあったなぁ…）もあって心も身体もボロボロに。ついに過労で倒れて救急車で運ばれる事態になっちゃったんです。私はアイドルで頑張らなきゃ、絶対に成功しなきゃいけないっていう強迫観念に駆られてたし、社長からも「休んだらもう一生ステージに立たせない」とか「辞めるなら金払え」とか言われていて…もう洗脳されてるような状態になってたんです。親も病院に駆けつけて、医者からも即入院と言われたけど、「無理です！ 明日はライブに出ないといけない」「クビにされちゃう」「今行かなきゃダメなんよ！ 歌えなくなっちゃう！」って泣きながら必死に訴えていた気がします。今考えたら本当に頭がおかしくなってたんだと思う。結局、強制的にドクターストップがかかって即入院になりました。あとから聞いたら、白血球の値が異常だったみたいで、高齢だったら過労死しているレベルだ、とも言われました…。

■■■

アイドルは2年くらいやってたけど、これが引き金となってグループを脱退。もう親にも応援してくれていた友達にも合わせる顔がなくて…。20歳にしてアイドルから突然ニートになる転落人生、私終わった…って毎日泣いてました。当時は水道代込み家賃2万9千円のアパートで極貧ひとり暮らし。メンタルがやられてたから怖くて家からも出られない、引きこもり生活がしばらく続きました。でもお金がないからそのうち電気代も払えなくなっちゃって…。これ以上親にも迷惑かけられないし、「さすがにやばい、生きるためにお金を稼がなきゃ…！」とバイトを開始。人間不信になっていて人と関わりたくなかったから、アパレルの工場で〝ＳＡＬＥ〟っていうシールをひたすら貼っていく派遣のバイトをしてました。周りはおばちゃんだらけでずっと工場に缶詰状態、休憩時間はひとりでパンかじっているような生活（笑）。でも3か月くらい経って少しずつ元気を取り戻してきたら、「私ロボットみたいだな」ってふと思っちゃって。やりたいことして生きたい、また外の世界に出たいって思えるようになっていきました。

■■■

何をして働こうかなと思ったときに思い出したのが、アイドル時代にファンから言われた「桃子って私服ダサいよね（笑）」というひと言。それがもう本当に悔しくて!! 私がダサくないということを証明したい、絶対に見返してやる！と思ってアパレルで働くことを決意しました。当時私が憧れていたカスタネというブランドのショップ店員で、金城ゆみさんというインスタグラマーとしてもテレビに出演するような、レジェンドみたいな存在の方がいたんです。金城さんが働いているお店で私も一緒に働きたい！と思ってカスタネのショップ店員に応募しました。あとカスタネに決めたのはもうひとつ理由があって…ここは店員さんが前に出ているというか、インスタグラマーとしても有名な店員さんが多いブランドだったんですよね。私は芸能人にはなれないし、もうアイドルにも戻れない。

自分はどこで輝けるんだろうと思ったときに、SNSという場所だったら輝けるかも…！という小さな希望ももっていました。

カスタネは本当に素敵なブランドで、仕事ってこんなに楽しいんだ！ということを教えてもらいました。チーム感もあるし、店員みんなのやる気がすごいから、「私閉店までの1時間で10人接客します」とか「何時までに今日の売り上げ取ろう！」とか目標を立てて、達成したら「よっしゃ――――！」ってみんなで喜ぶみたいな（笑）。あとやっぱり、接客すること自体がめちゃめちゃ楽しかった！服に合わせたコーディネートを提案してお客様に喜んでもらえるのがうれしかったな。当時の同僚からも、私は連想させるのがうまいって言われてました。例えば「お客様このスカートに今合わせている黒のトップスめっちゃ似合われてますけど肌すごくお白いのでこのブラウスも似合うと思います～こういう帽子お客様お持ちですか？それだったらその帽子にこれとこれ合わせたらこういう着こなしもできます（めちゃ早口）」みたいな（笑）。そういう連想がバーッて出てくるから、手持ちのワードローブと合わせて提案するのが得意でした。そうすると少しずつ、私に会いにきてくださるお客様が増えてきて、私の顧客というか、ファンになってくれる方がたくさんできたんです！インスタのフォロワー数は半年で1万人ぐらい増えて、毎日お店には私に会いに来てくれるお客様がいて、DMで「ももちさん何日にお店いますか？」って連絡がきたり「ももちさんが着てる服ください！」って言ってもらえたり。私がお洋服をオススメすることによって私のファンになってもらえて、その次は私に会いに来てくれる。そのループがすごく楽しかった！

■■■

ショップ店員のときは嫉妬もされた

号泣しながら阪急電車に乗ったな～

目標売り上げの180%くらい取って、関西でトップを取ったこともありました。だけどその分周りから嫉妬もあったんだと思う。「実力もないのに、元アイドルだからってキャーキャー言われて調子に乗ってる」って嫌味を言われたこともあったなぁ。なんとかその日はいつも通り働いたけど、お店を出た瞬間に涙が止まらなくって、泣きながら阪急電車に乗って帰ったこともありました。私の何を知ってるんだろうって本当に悔しくて…絶対に見返してやる！って決めました。で、どうやったら見返せるか考えたときに、私がもっとすげーヤツになったら、後悔するんじゃないかなと思ったんですよね（笑）。それができるような自分の強みはなんだろうって考えたときに、SNSしかないって思ったんです。私、ファンのコをワクワクさせたり楽しんでもらえる文章を作るのが得意で「みんな何してるかな？」とか「こういうのがあったら教えてね」とかSNSで交流するのがすごく好きだったんです。オススメの服をインスタで解説するのも得意だし、写真撮ったり加工するのも得意で他のスタッフのスナップも私が撮っていたくらい。文章を書くのも、写真を撮るのも、加工するのも全部得意だったから、SNSって天職なんじゃないかなと思って。別に今さら芸能人になりたいとか有名になってチヤホヤされたいとかそういうのは一切ない。ただSNSだったらもっと大きくなれると思ったし、自分に可能性を感じたんです。そんなときに出合ったのがゆうこすさんの〝SNSで夢を叶えたい人オーディション〟。見た瞬間に「これワシやん‼」って（笑）。直感で受かると思ったというか、絶対に受かってやる！っていう気持ち（笑）。落ちたらもうSNSは諦めようって思うくらい、これに賭けてました。いざお店を辞めると伝えたときは止められました。「こ

ごはんを食べるのとインスタをあげるのは同じ。もうSNSなしじゃ生きていけない！

んなにSNSの使い方がうまいコ、今後もう二度と現れないぞ！」とも内部では言われてたみたい（笑）。そのときにここまで頑張ってきてよかったなって思えました。引き留められるようなところまでこれたんだって。そこで気持ちにひと区切りつきました。

■■■

無事にオーディションに受かって今の事務所に所属することが決定！ 上京してやる気もいっぱい、これから頑張るぞー!!って気持ちでいっぱいでした。でも、ついこの間までショップ店員だった自分にいきなりSNSでお仕事があるわけもなく…。正直、すぐにインスタグラマーとして華々しくデビューできると思ってたので、上京早々に挫折しましたね（笑）。もうショップ店員も辞めているからインスタで服の紹介もできないし、どうしていいかわからなくて、とりあえず家の近くのスタバに行って新作を飲んでいるところを写真に撮ったりしてましたね（笑）。

■■■

「ショップ店員を辞めてインスタグラマーになります！」って大々的に宣言して、勢いで東京に来たものの何もない…。フォロワー数も一気に3千人くらい減って、正直この頃はただただ不安でした。でもそんなこと親にも友達にも言えないから、インスタでは「毎日私楽しんでますよ、超充実してます！」みたいな、〝やってる風〟に見せてましたね。事務所では普通にスタッフとしても働いて、キャスティングなどの事務仕事のお手伝いもしてました。「KOSの牛江桃子と申します。●●様にぜひご出演いただきたい配信がありまして…」みたいなビジネスメールも送ってましたよ（笑）。でも「あれ？ 私、何しに東京に来たんだっけ…」と。このままじゃやばい、何かしなきゃ！ と思ったときに、ショップ店員の頃から好きだったインスタライブをしたいなと思ったんです。ゆうこすさんに相談したら「じゃあとりあえず1か月間、毎日やってみよう！」と。多分ゆうこすさんはなにげなく言ったひと言だったと思うけど、私根性がありすぎるので（笑）、それが今でもずっと続いている感じです。インスタライブを始めてからフォロワー数も少しずつ増えてきて、軌道に乗り始めたかな？ というときに、ゆうこすさんから「インスタライブが楽しいんだったらYouTubeも楽しいんじゃない？ ももちもやってみない？」って勧められたんです。でも正直、最初は乗り気じゃなかった。YouTubeって影響力が大きすぎるし、一度始めたらずっとやり続けないといけないし、果たして自分にできるんだろうか…と。でも絶対にSNSで成功したい！ という決意はブレていなかったので、そのためにYouTubeが必要ならやってみよう！ と始めました。

■■■

成功するためにはどうしたらいいか…私、戦略を考えるのが好きなので（笑）、どんな動画を作っていくか考えたときに、ただかわいいだけじゃ売れないよなって思ってたんです。だって世の中にかわいいコなんて山ほどいるし。例えば美人の女優さんには憧れるけど、みんな自分がなれるとはなかなか思えないじゃないですか。だから「この人がやってるなら私にも真似できそう」って思ってもらえるような親近感とか、共感性をもってもらえることが大事なんじゃないかなと思ったんです。いちばん近い存在だからこそ憧れてもらえるような存在。かわいいけど面白いことをしてたり、かわいいけどすっぴんブスだったり…自分を捨ててそういうところにフォーカスしたら、みんなに好きになってもらえるんじゃないかなって。最初は自分のすっぴんを晒すことにちょっと抵抗はありましたよ（笑）。でも昔の悔しかった出来事を思い出して、すっぴん晒して人気になるなら全然晒します！ っていう気持ちでした。

■■■

最初の動画にはアンチコメントもめちゃめちゃきました。それには落ち込んだけど、アンチコメントがくるっていうことは、私のことを知らない新規の方が初めて観にきてくれたんだ、私を知ってもらえるきっかけが増えたんだ！ ってポジティブ思考に変換しようと思ったんです。それは私がネガティブなことをSNSでつぶやいたとしても、見ている人の気分はよくならないだろうなと思ったから。元気な人を見たら自然と元気が出るじゃないですか。私はみんなが見て楽しんでもらえるようなコンテンツになりたかったから、嫌なことは全部ポジティブに変換しよう！ って意識して変えていきました。今ではファンのコがたくさん応援コメントをしてくれるし、大好きなファッション動画を撮ったりコラボのオファーをいただいたり…いろんなお仕事がもらえて本当に楽しいし、充実した毎日です。

■■■

SNSってすごいと思う。芸能事務所に入ってなくても、自分発信で人気になれば、雑誌でもテレビでも、向こうからオファーがやってくる。もしかしたら自分次第で歌手デビューすることも、小説家デビューすることだってできるかもしれない。今はSNSで個人力をつけることが、自分の夢を叶えるいちばん手っ取り早い方法だと思うんです。私もこうして自分のスタイルBOOKを発売させてもらえたり、洋服のコラボや商品開発もさせていただけるし、憧れの人にも会わせていただくことができるし…SNSってなんでもできるんじゃないか!? って思ってます。かわいい人はたくさんいるのに、その人じゃなくて私なんかが選んでもらえるのって、やっぱりSNS自体にすごく影響力があるからだと思うんですよね。最初にそれを感じたのはYouTubeを始めてすぐ、ディズニーランドで撮影していたとき。短い滞在時間だったけど15人くらいから声をかけられたんです。え!? 私ってこんなに知ってもらえてるの？ ってびっくり！ 2020年は『現役女子学生が選ぶトレンド予測』にランクインしたことをきっかけに、取材のオファーをいただく機会も増えました。でも中身は牛江桃子のままだから、「ももちってすごいなぁ」って違う人を見ている感じ。私の中で〝牛江桃子〟と〝ももち〟は少し別なんです。私はももちであってももちでない、不思議な感じ。ももちっていうキャラクターをみんなで一緒に作っている感覚なんです。でもそういう客観性がすごく大事だと思っていて、有名になったからといって調子に乗ったり天狗になったり、本来の牛江桃子のほうが変わっちゃうとどんどん周りから人がいなくなっちゃうと思うんですよね。SNSって誹謗中傷を受けることがたくさんあるけど、そんなときに「大丈夫？」って声をかけてくれる友達のありがたさをいつも感じるんです。だから私のことを想ってくれる友達はずっと大事にしたいし、「桃子変わったね」なんて言われないように、どんなに有名になっても変わらずに、人としてちゃんとしていたい。そうしていればファンの気持ちがわかる、寄り添える「ももち」でもいられると思うから。

■■■

私にとってSNSは自分の居場所。ずっと自分に自信がもてる場所がなかったけど、インスタを始めて、ファンのコから「ももちさん好きです！」っていうコメントをもらえて、初めて自分を肯定できたんです。どん底だった私の人生

を救ってくれたのは、紛れもなくＳＮＳ。ごはんを食べるのと一緒で、もうＳＮＳなしじゃ生きていけない！　だからやめたいなんて思ったことは一度もないです。ファンのコとずっと触れ合っていたいし、もう今はＳＮＳが生活の一部ですね。私が更新しないと死んでしまう「ももち」を、ＳＮＳ上でずっと生きさせていたいんです。ファンのコにはももちを見て毎日楽しいなって思ってもらいたいし、そんなコンテンツを発信し続けていきたい！

■■■

なんでそんなに頑張れるの？　ってよく聞かれるけど、それはもう絶対に後悔したくないから！　私が今まででいちばん後悔したのは、アイドルを辞めたこと。辞めたくて辞めたわけじゃないけど、せっかく好きなことができていたのに自分の意志の弱さでメンタルがやられて、結果辞めることになっちゃったから。もうずっと、めちゃめちゃ後悔していたんです。あのとき続けていればなとか、続けていたらどんな未来が待っていたんだろうって。実はその後悔が消えたのはつい最近（笑）。ひとつの後悔が消えるのに4年もかかるって、次に何か後悔することがあったら一生消えないかもしれないじゃないですか。今日頑張らなかったら明日後悔するかもしれない、昨日頑張ればよかった！って。そうやって自分自身に後悔するのが嫌なんです。過去の自分に負けたくない！　あのときの選択は間違っていなかったんだって思えるように、常に努力していたい。

■■■

これからの夢は、いつか私のファンのコと一緒にブランドを作ること♡　今は自分がいいと思ったものを発信する側だけど、ブランドを作ってイチからみんなと一緒に作っていけたらすごく楽しそうだなって。あと「ももちみたいになりたい！」って思ってくれるコが増えたらすごくうれしい！　だからそういうＳＮＳで夢を叶えたいコのお手伝いが、いつかできるようになったらなと思ってます。これからの自分は…どうなってるんだろう（笑）。キレイな30代、40代になっていたいな〜。ＳＮＳは大好きだから、多分おばあちゃんになっても何かしら発信してる気がしてます！（笑）

SHOP LIST

- 銀座かねまつ6丁目本店 ☎03-3573-0077
- ゲストリスト〈アッパーハイツ〉 ☎03-6869-6670
- 神戸レタス https://www.lettuce.co.jp/
- ココシュニック オンキッチュ 有楽町マルイ店 ☎03-3213-5049
- COCO DEAL/ココ ディール ☎03-4578-3421
- 3rd Spring ☎03-6635-1897
- サロン アダム エ ロペ／ジュンカスタマーセンター ☎0120-298-133
- GU ☎0120-856-452
- Jouete ☎0120-10-6616
- Swingle 有楽町マルイ店 ☎03-3213-0701
- STYLENANDA 原宿店 ☎03-6721-1612
- ゼア ニュウマン新宿店〈ファビオ ルスコーニ〉〈クリスチャン ヴィラ〉〈ANGEL ALARCON〉 ☎03-6380-0337
- センスオブプレイス バイ アーバンリサーチ キュープラザ原宿店〈SENSE OF PLACE〉 ☎03-6433-5548
- ダイアナ 銀座本店〈ダイアナ〉 ☎03-3573-4005
- DOUBLE NAME ☎03-5770-6216
- earth music&ecology 新宿ミロード〈earth music&ecology〉 ☎03-3349-5676
- アールセン〈レトロガール〉 ☎0120-66-2814
- アダストリアカスタマーサービス〈Heather〉〈Me%〉 ☎0120-601-162
- UPPER STAGE ☎03-6635-1897
- ADINA MUSE SHIBUYA〈アディナ ミューズ〉 ☎03-5458-8855
- アネモネ／サンポークリエイト ☎082-248-6226
- And Couture ルミネ新宿店 ☎03-5323-5221
- アンビリオン〈ペルケ〉〈カシュカシュ〉 ☎03-3466-8991
- UNRELISHカスタマーセンター ☎0120-298-707
- EVOL〈ILIMA〉 ☎03-6455-0494
- Isnt' She? https://www.isnt-she.com/
- WEGO ☎03-5784-5505
- ウィルセレクション ルミネエスト新宿店 ☎03-5269-4497
- H&M カスタマーサービス〈H&M〉 ☎0120-866-201
- EMODA ルミネエスト新宿店 ☎03-3355-1560
- キャセリーニ〈キャセリーニ〉〈コントロールフリーク〉 ☎03-3475-0225

ブランドのアイテムは、本人私物となります。現在購入できない場合がございますのでご了承ください。また、ショップ・ブランドへのお問い合わせはご遠慮ください。

- モーヴ バイ ステラ ☎03-6805-0390
- UNIQLO〈Uniqlo U〉 ☎0120-170-296
- LAGUNAMOON ルミネ新宿 ☎03-3344-3223
- RANDA ☎06-6451-1248
- リランドチュール ☎03-6894-8611
- LILLIAN CARAT/リリアン カラット ☎03-4578-3338
- REDYAZEL ルミネエスト新宿店 ☎03-3354-3122
- LADYMADE ☎03-6433-5785
- レリアン〈ランバン オン ブルー〉 ☎03-5491-8862
- ROSE BUD 新宿店 ☎03-5368-2767
- ロードス〈アドカラム〉〈mite〉〈ラフタンブル〉〈トーヴ〉〈マチルダローズ〉〈イロリエール〉 ☎03-6416-1995
- louren ☎03-3473-2088
- 31 Sons de mode https://31sdm.jp/
- DRWCYS ☎03-3470-6511
- NANING9 ☎03-6630-6881
- ノーク〈ノーク バイ ザ ライン〉 ☎03-3669-5205
- バナナ・リパブリック ☎0120-771-978
- バロックジャパンリミテッド〈リエンダ〉 ☎03-6730-9191
- ViS／ジュンカスタマーセンター ☎0120-298-133
- プーマ お客様サービス〈プーマ〉 ☎0120-125-150
- フレックス https://flex-jp.online
- me ☎0120-183-123
- MIKIRI〈ディアナ ドット〉〈クードル〉 ☎03-5774-4205
- MISCH MASCHカスタマーセンター ☎0120-298-707
- MEW'S REFINED CLOTHESカスタマーセンター ☎0120-298-707
- ムーンバット〈prefi intitle〉 ☎03-3556-6810
- MURUA ☎03-5447-6543
- Maison de FLEUR ルミネ新宿2店〈Maison de FLEUR〉 ☎03-5925-8492
- merry jenny ☎03-6840-5353

※本書に記載の情報は、2020年11月時点のものです。商品やブランド、店舗についての情報は変更になる場合がございます。※このリストにないショップ・

ももち／牛江桃子

1996年、愛知県生まれ。身長160㎝。地下アイドル→ニート→人気アパレル店員からインフルエンサー・YouTuberに転身。YouTubeチャンネル「ももちのクセが強すぎた。」は開始2年弱で登録者数30万人超。Instagramでは毎日22時から生配信を行う、ファッションライバーでもある。キュートな見た目に反した達者なしゃべくりに中毒者続出。元アパレル店員の経験を活かしたリアル目線のコーディネートが好評で、SNSで紹介した洋服が即完売するなど各地で「#ももち現象」が起きている。現在は洋服、飲料などさまざまなコラボ商品も開発。各業界からも今、大注目のインフルエンサー。

@momochi.661
@momochi661
ももちのクセが強すぎた。

MOMOCHI STYLE BOOK
ももちのクセが強すぎた。本

2020年12月 8 日　初版第1刷発行
2020年12月30日　第3刷発行

著者　牛江桃子
発行人　嶋野智紀
発行所　株式会社小学館
〒101-8001　東京都千代田区一ツ橋2-3-1
☎03-3230-5324（編集）
☎03-5281-3555（販売）
印刷　大日本印刷株式会社
製本　牧製本印刷株式会社
制作　木戸 礼　島﨑まりん
販売　根來大策
宣伝　細川達司

ISBN978-4-09-310666-5

STAFF

Photographer／
三瓶康友_cover,P.2-3,6-25,32-37,67,94,97-101
谷口 巧（Pygmy Company）_P.5,26-27,78-81,90-93,104
坂田幸一_（Still）P.32-45,62-63
田形千紘_P.49-61,64-66,68-69
田中麻衣_P.74-77,83-85
黒石あみ_P.32-40,44-47,58

Hair&Make-up／
MAKI_cover,P.2-3,6-25,32-37,67,94,97-101
神戸春美_P.90-93（佐々木さん分）
久保フユミ（ROI）_P.5（左の人物）

Stylist／たなべさおり　川瀬英里奈_P.90-93（佐々木さん分）

Illustration／けけ

Artist Management／木村 融・石橋清子（KOS）

Special Thanks／後藤香織　稲垣あすか　木谷成良
高田浩樹　ももち芸人のみんな

Design／荒川善正・萩野谷直美（hoop.）

Proofreader／麦秋アートセンター

Edit／手塚明菜　加藤真実（CanCam）